5세부터
시작하는 철학

아이의 공부머리
철학에서 시작된다

5세부터 시작하는 철학

베리스 가웃, 모래그 가웃 공저
최윤영 옮김

센시오

다섯 살, 재미있는 철학으로 공부머리를 키운다

어린이철학교육연구소장 박민규

많은 사람들이 '생각하는 것'을 걷기나 숨쉬기처럼 자연스럽게 행해지는 것이라 생각한다. 하지만 '생각을 잘 하는 것(thinking well)'과 '생각을 잘 못하는 것(thinking badly)' 사이에는 엄청난 차이가 있다.

철학을 공부하는 목적 가운데 하나는 '자신의 생각에 대해 생각해보기(thinking about their own thinking)'와 '생각을 좀 더 잘하는 방법을 배우기(learn how to think better)' 위해서이다.

아이들은 다른 사람들, 특히 어른들이 자신의 생각에 진지하게 귀 기울여주면 몹시 감동을 받는다. 나아가 그런 배려는 아이가 자신의 생각을 좀 더 깊이 있게 파고들 수 있도록 자극한다. 아이는 이런 '생각하기'를 통해 자기의 실수나 잘못된 생각을 되돌아보고 더 나은 해결책을 찾으려고 노력한다. 이런 의미에서 생각은 우리의 삶을 향상시키는 수단(tool)이다. 아이들은 이런 과정을 겪으면서 생각은 일종의 경험이며, 그 자체로(수단이 아닌 목적으로) 즐길 수 있다는 것을 알게 된다. 따라서 '생각'은 최고의 경험이다.

《5세부터 시작하는 철학》은 아이들에게 자신의 생각이 지닌 두 가지 차원, 즉 생각이 어떤 일을 도와주는 도구나 수단이라는 사실과, 아울러 생각하기가 그 자체로 즐길 수 있는 최고의 놀이라는 사실을 깨닫게 해준다.

이 책에는 모두 서른여섯 가지의 철학 관련 이야기가 실려 있고, 그 이야기를 토대로 부모나 교사가 아이들에게 어떤 질문을 던지고, 무엇을 생각해보아야 하는지 제시한다.

보통 유럽에서는 생각해볼 문제(철학적 주제)를 아이들이 스스로 찾아 발표하고, 그 내용으로 토론할 수 있도록 구성되어 있다. 하지만 우리나라에서는 생각해볼 문제를 미리 만들어 학생들에게 제시하고 답을 찾게 한다. 그럼, 어떤 방식이 교육적으로 더 바람직할까?

각각 장단점이 있다. 철학을 처음 접하는 아이들에게 철학 관련 이야기를 읽고 생각해볼 문제를 스스로 만들어보라고 하면 무척 난감해한다. 주어진 문제를 푸는 방식에만 익숙해져 있기 때문이다. 평균적으로 아이들은 수개월 이상의 철학 수업을 받아야 가까스로 의미 있는 문제를 만들어 토론으로 확장시킨다. 궁금하거나 잘 이해되지 않는 내용을 찾아내서 스스로 생각해볼 문제를 고민하고 발표하는 것은 철학 수업뿐 아니라 모든 과목에서 매우 중요한 학습법이다. 그런 면에서 아이의 공부머리는 철학에서 시작된다고 할 수 있다.

이 책은 아이들 스스로 학습에 참여하고 적극적으로 토론에 대응하는 방식을 선호한다. 책에 예시된 질문들을 참고하는 것도 좋지만, 아이들이 철학적 사고에 익숙해지면 스타일과 차원을 달리하여 스스로 발제하는 힘을 기를 것을 권유해보는 것이 좋다. 아이 스스로 좋은 질문을 만들어내는 것은 탐구의 첫걸음이면서 철학 수업의 최고 성과이기 때문이다.

철학지식이없어도
누구나철학교육을할수있다

영국의 철학 교수와 초등학교 교사가 자신들의 철학 수업 경험을 토대로 집필한 이 책은, 교육 현장에서 이미 그 효과가 입증

되었다.

어린이철학교육연구소에서도 미국 IAPC(아동철학개발연구원)에서 펴낸 유초등부 철학 교재로 철학 수업을 진행한 적이 있는데, 여러 가지 난관이 있었다. 특히 5세 유치부 및 초등 저학년 학생들을 지도하는 데 어려움이 컸다. 투입 교재의 내용이나 난이도 및 질문의 수준과 형식 등에서 갈피를 잡기가 쉽지 않다는 걸 절실하게 느꼈다.

물론 많은 성과도 있었지만 여러 어려움을 겪었던 터라 유아 및 저학년 철학 교육은 언젠가 우리가 풀어야 할 숙제라고 생각하고 있었다. 그런데 이 책을 통해 그 나이대 아이들에게 맞는 방식과 내용으로 큰 어려움 없이 철학을 가르칠 수 있겠다는 자신감을 얻었다.

'같이' 이야기하며 배우는 생각의 다양성

모든 문제에 꼭 정답이 있는 것이 아니며 내가 모르는 진리와 사실이 수없이 많다는 사실을 여러 사람들과의 논쟁을 통해 알게 되는 것이 철학 교육의 가치이다. 인생의 의미나 실존 문제, 혹은 아름다움의 본질에 대해 어떻게 단 하나뿐인 정답을 내리겠는가. 수많은 사람들의 생각을 듣고, 그들의 생각을 비판하거나 수용하면서 내 생각을 수정하고, 또는 설득력 있게 주장하면서 세상에는 매우 다양한 가치관과 진리가 존재한다는 것을 배우는 것이 철학 교육의 궁극적인 목적이라고 할 수 있다.

혹자는 정답 없는 인문학, 특히 철학 교육은 아이들의 정규 교육 과정에 아무런 도움도 되지 않는다고 말한다. 하지만 바람직한 인생이나 의미 있는 삶, 혹은 가치 있는 행동 등에 관한 문제를 한 번이라도 진지하게 생각해본 아이와 그저 하라는 대로 수동적으로 하루하루를 보내는 아이의 삶이 같을 수는 없다.

비록 정답이 없는 질문이라도 다른 사람과 생각을 나누어본다면 모든 상황을 좀 더 진지하고 폭넓게 생각하게 된다. 대학 입시에, 취업 준비에, 생활전선에 뛰어들어 깊이 있는 삶의 철학이 불가능해지기 전에 철학적 태도, 철학적 시선을 가질 수 있도록 교육받는다면, 그 아이는 능동적이고 적극적으로 자신의 인생을 그리게 될 것이다.

그동안 어린이용 철학 도서가 여러 권 출판되었다. 하지만 이토록 이해하기 쉽고 구체적으로 철학 교육법을 안내하는 지침서는 거의 처음이 아닐까 싶다.

유아, 초등학생을 두루 가르칠 수 있는 쉽고 재미있으면서도 짜임새 있는 철학 교재를 만나기란 쉽지 않다. 부모, 교사들이 기꺼이 따라 지도할 수 있고 아이들의 흥미를 유발하는 책이니, 이보다 더 좋은 교재가 어디 있겠는가. 가장 좋은 교재는 가르치는 사람과 아이들 모두가 선호해야 하는데, 그런 면에서 《5세부터 시작하는 철학》은 누구에게나 자신 있게 추천하고 싶다.

철학 지식이 없어도 철학을 쉽게 알려줄 수 있다

"다섯 살 아이가 어떻게 철학을 공부해?"

"어린 아이에게 철학이 얼마나 도움이 되겠어?"

이런 의문을 품는 부모들이 많다. '철학'을 형이상학적이고 난해한 학문이라고 생각하기 때문에 나오는 반응이다. 그러나 철학은 그저 인간과 삶, 그리고 인간 세상에서 일어나는 일상적인 여러 현상과 사건에 대해 생각하고 고민하고 질문하는 학문일 뿐이다. 우리 주위에서 일어나는 모든 것에 대한 질문과 답을 찾아가는 과정이라고 생각하면 그리 어려울 것이 없다. 이제부터라도 철학에 대한 오해는 접어두자.

실제로 교육현장에서 철학 수업을 진행해본 결과, 대부분의 아이들이 수업에 즐겁게 참여했다. 다섯 살짜리 한 아이는 "저는 철학 수업을 좋아해요. 자유롭게 생각하고 말할 수 있으니까요"라며 자신의 생각을 아주 일목요연하게 말했고, 여섯 살짜리 아이는 "저는 질문하는 게 즐거워요"라며 한껏 들뜬 모습을 보였다.

그렇다. 철학은 자유롭게 생각하고, 질문하고, 자신의 생각을 명확한 근거를 들어 설명하는 사고의 과정이다. 정답이 있을 수 없고 틀린 답 또한 있을 수 없다. 다섯 살짜리 아이도 철학을 공부할 수 있는 이유가 바로 여기에 있다. 아이들이 본래부터 가지고 있는 자유롭고 유연한 생각에 논리와 이성의 날개를 달아주면 되는데, 그것은 토론과 경청, 주장과 설득의 과정을 통해 누구든 배울 수 있고, 누구든 가르칠 수 있다. 철학적 지식이 전혀 없는데 철학을 가르칠 수 있을까 걱정하지 않아도 된다. 아이들에게 철학을 가르치는 데 있어서 철학 지식은 필수 조건이 아니다.

철학 교육은 아이들에게 철학적 논의에 참여할 수 있는 기회를 제공한다는 데 큰 의의가 있다. 이때 철학을 가르치는 부모나 선생님은 중재자로 참여하면 된다. 자신의 가치관을 아이에게 주입하는 것이 아니라 아이의 생각과 주장을 이끌어내는 것이 철학 교사의 역할이므로 제대로 된 질문을 던지고, 끝까지 경청하고, 논리의 허점이 보이면 또다시 질문을 던져 아이 스스로 논리를 완성할 수 있도록 도와주는 것으로 충분하다.

철학 교수와 초등 교사가 쉽게 알려주는 철학 입문서

이 책에는 총 서른여섯 가지의 주제가 등장한다. 공정함에서부터 환경, 우정, 수용, 공유, 옳고 그름, 예의, 아름다움, 감정, 꿈과 현실에 이르기까지 다양한 주제를 광범위하게 포함하고 있다. 수업 진행에 필요한 모든 이야기와 그림과 사진은 책에 수록되어 있으므로 곧바로 활용할 수 있다. 책에서 제시한 학습 과정을 차근차근 따라가기만 해도 훌륭한 철학 수업을 진행할 수 있다.

먼저 아이에게 논의의 소재가 될 이야기를 읽어주거나 함께 읽고 나서 '철학적 질문'을 던진다.

흔히 철학과 상관없는 질문을 철학적 질문으로 혼동하곤 하는데, 만약 아이에게 "이 케이크를 어떻게 나누고 싶니?"라고 묻는다면 이건 철학적 질문으로 볼 수 없다. 그저 어떻게 하고 싶은지 묻는 것일 뿐, 근거 제시를 요구하고 있지 않기 때문이다. 하지만 "이 케이크를 어떻게 나누는 게 공평하다고 생각하니?"라고 묻고, 그렇게 생각하는 이유를 이야기해보라고 한다면 이건 철학적 질문이다.

철학은 아주 근본적인 질문을 다루며 구체적인 이유를 들어 이에 답하도록 요구한다. 이 책에 등장하는 수많은 질문은 아이들의 수준과 역량을 고려해 선정했지만 내용만큼은 아주 근본적인 철학을 깊이 있게 다루고 있다.

책 속에 등장하는 질문은 다양한 연령과 수준에 적합하도록 구성되었다. '많이 먹으려고 하는 것'처럼 가벼운 윤리적 문제를 다루기도 하고, '배의 부품을 모두 교체하면 예전 배가 아닌가'처럼 제법 어려운 문제를 다루기도 한다. 다섯 살 아이에게는 질문이 어렵다고 생각할 수도 있다. 하지만 교육을 진행해보면 알겠지만, 부모의 걱정과 달리 아이들은 어려운 질문에도 깜짝 놀랄 만한 답변을 내놓곤 한다. 아이들의 세계는 어른들이 가늠할 수 없다. 어른들의 사고는 경직되어 있지만 아이들의 사고는 유연하고 창의적이기 때문에 뜻밖의 통찰과 재치를 보여줄 때가 많다.

물론 교육하는 입장에서 아이의 수준을 고려해 건너뛸 것은 건너뛰어도 괜찮다. 가령, 규칙을 반드시 지켜야 하는지에 대해 묻는 '규칙은 무슨 일이 있어도 지켜야 할까?' '언제나 진실만을 말해야 할까?'에 대한 이야기는, 거짓말을 하면 안 된다거나 질서를 지켜야 한다고 가르쳐야 하는 어른들의 입장에서 볼 때 다소 난감한 주제일 수 있다. 아이에게 혼돈을 줄 수도 있다고 생각한다면 생략해도 된다. 아이들과 함께 나눌 수 있는 철학적 주제를 다룬 이야기는 얼마든지 많기 때문이다. 철학 교육을 하다 보면 철학적 주제를 찾아내는 감각이 점점 더 좋아질 것이다.

책에 있는 이야기를 다 읽고 나면 수업에서 지켜야 할 구체적인 규칙을 제시하고, 이 규칙은 꼭 지키자고 제안해야 한다.

- 말하기 전에 먼저 생각하기
- 친구의 말에 귀 기울이기
- 한 번에 한 사람씩 말하기
- 친구의 의견 존중하기
- 상대방의 의견에 동의할 것인지 반대할 것인지 결정하기
- 주장을 할 때 근거도 함께 제시하기

사실 이 규칙은 철학적 사고체계를 설명한 것이다. 아이들에게 철학의 본질이 무엇인가에 대해 직접적으로 설명하지 않아도, 아이들은 이런 규칙을 통해 자연스럽게 철학적 사고체계를 습관화할 수 있다. 이와 함께 토론 수업에 적합한 언어를 사용하도록 규칙을 정하는 것도 중요하다. 아이들에게 다음의 형식에 따라 말해야 한다고 미리 일러두는 것이다.

"저는 ○○○의 말에 동의해요. 그 이유는…."
"저는 ○○○의 말에 동의하지 않아요. 왜냐하면…."
"저는 이렇게 생각합니다. 그 이유는…."
"왜 그렇게 생각하나요?"
"그렇게 생각하는 이유는 무엇인가요?"

철학 교육에서는 '이유'와 '근거' 제시가 핵심이다. 이유와 근거가 없는 주장은 우기기나 고집이지 철학이 아니다.

철학 교육을 할 때는 아이들에게 발표를 강요하지 않는 게 좋다. 철학 교육은 아이들 스스로가 논의에 참여하여 자유롭게 자신의 생각을 표현하는 데 중점을 두어야 하기 때문에 부모나 선생님은 그런 분위기를 만드는 데 집중해야 한다. 무엇보다 중요한 건 아이들 스스로 생각할 수 있는 시간을 충분히 주는 것이다. 처음에는 발표하지 않고 다른 사람의 이야기만 듣던 아이도 시간이 지나면 자신 있게 자신의 생각을 발표하게 될 것이다. 다만 논의를 확장하기 위해 아이들의 근거에 반대 의견을 제시해서 아이들이 자신의 의견에서 모순을 찾고 논리를 재구축할 수 있도록 돕는 역할은 해야 한다.

어느 정도 의견이 모아지면 수업을 평가하는 시간을 갖는 것이 좋다.

"오늘 철학 수업이 즐거웠니?" "다른 친구의 의견을 잘 들었니?" "스스로 많이 생각했니?" "자신의 생각을 제대로 표현했니?" 같은 후속 질문을 던져서 아이들이 자신의 의견을 돌아보고 정리할 수 있도록 도와주어야 한다.

철학 교육은 또래의 아이들이 모여서 토론하는 방식으로 진행하는 것이 가장 좋지만, 여건이 되지 않는다면 엄마와 아빠가 아이의 첫 철학 교사가 되어도 좋다. 책 속에 제시된 이야기를 아이의 잠자리에서 들려주거나 아이와 간식을 먹을 때 이야기를 나누어도 좋다. 책을 읽어주는 데서 끝내지 말고 아이의 생각과 의견을 들어볼 수 있는 질문을 던져서 '왜 그렇게 생각하는지' 이유를 묻고 경청하는 것도 훌륭한 철학 교육의 시작이다.

공부머리를 키우는 철학 교육은 빠르면 빠를수록 좋다

도대체 철학을 왜 공부해야 하는지 모르겠다고 반문하는 사람이 있을 것이다. 우리가 살아가는 데 철학이 무슨 도움이 되느냐고 말이다. 그것은 우리가 수학을 중요시 하는 것과 같은 이유다. 어려운 수학 공식을 배우는 이유는 일상에서 활용하기 위해서가 아니라, 수학적 사고방식을 습득함으로써 논리와 이성을 갖추기 위해서다. 철학도 마찬가지다. 위대한 철학자들이 설파한 철학적 진리가 일상생활에 직접적으로 활용되진 않지만, 철학 교육을 통해 비판력, 논리력, 설득력 등이 몸과 뇌에 저장된다. 철학 교육은 당장의 효용이 아닌 논리와 이성의 근본을 튼튼하게 다지는 공부머리의 기초공사라고 할 수 있다.

아이가 공부를 하지 않아서, 스스로 알아서 하지 않아서, 아무리 가르쳐도 학습 효과가 없어서 고민이라면 억지로 교과서를 들이밀 것이 아니라 철학 공부로 방향을 바꾸어야 한다. 아이의 공부머리는 강요와 강압으로 키울 수 없다. 습관처럼 몸에 밴 논리력, 사고력, 창의력을 통해 향상되는 것이다.

철학은 공부머리를 좌우하는 능력, 즉 근거를 제시하고 반대 의견이나 반증을 평가하며 원리를 파악해 구별하는 비판적 추론 기술, 자신의 생각을 말하고 논의를 통해 발전시키는 창의적 사고 능력, 학습이나 토론에 집중할 수 있는 몰입력, 자신의 생각을 말로 표현하고 이를 다른 사람에게 전달하는 의사소통 능력, 다른 사람의 의견을 존중하고 포용하는 사회적 능력을 최대치로 끌어올린다. 철학은 독립적인 학습자로 거듭날 수 있게 도와주는 든든한 지지대가 된다. 그러니 철학 교육은 빠르면 빠를수록 좋다.

차례

5장

아름다움과 예술

어떤 걸 아름답다고 하는 걸까?

6장

인격과 정신

내 감정과 마음은 왜 자꾸 바뀔까?

1장

공정과 규칙

모두가 똑같이 나누는 게 공정한 걸까?

큰 곰이 케이크를 더 많이 먹는 것이 공평한 일일까?

철학적 주제

똑같이 나누기 vs. 필요에 따라 나누기

목표

공정하다는 것은 무엇일까?
모두가 똑같이 나누는 게 공정할까,
각자의 필요에 따라 나누는 게 공정할까?

준비물

작은 곰 인형 두 개와 큰 곰 인형 한 개

이야기 속으로

햇볕은 따사롭고 바람도 솔솔 불어오는 어느 봄날, 작은 곰 두 마리가 소풍을 왔습니다. 한참 동안 아름다운 풍경을 바라보던 작은 곰 두 마리는 슬슬 배가 고파졌어요. 그래서 그늘을 찾아 돗자리를 깔고 간식을 꺼냈지요. 소풍 가방에서 나온 건 커다란 케이크. 작은 곰 한 마리가 친구 곰에게 물었어요. "우리 이 케이크를 어떻게 나눌까?" 그러자 친구 곰이 이렇게 말했어요. "공평하게 나누자."

Q 질문하기

어떻게 하면 케이크를 공평하게 나눌 수 있을까?

이야기 속으로

작은 곰 두 마리는 케이크를 똑같이 나누어 먹기로 했어요. 그런데 그때, 저쪽에서 큰 곰 한 마리가 작은 곰 두 마리를 향해 성큼성큼 다가왔어요. "얘들아, 안녕. 케이크 아주 맛있어 보인다. 나도 한 쪽 먹을 수 있을까?" 작은 곰 한 마리는 고개를 끄덕이며 말했어요. "물론이지. 우리 다 같이 나누어 먹자." 큰 곰은 기분 좋게 웃으며 돗자리에 앉았어요. 그러고는 말했지요. "그런

내가 몸집이 훨씬 크잖아.
나는 무조건 큰 조각을
먹어야 해.
설마 이대로
먹는 건 아니겠지….
친구끼리는
똑같이 나누어야지.

데 말이야. 내가 너희들보다 몸집이 훨씬 크잖아. 그러니까 나는 너희들보다 더 큰 조각을 먹어야 해."

Q 질문하기

큰 곰이 케이크를 더 많이 먹는 것이 공평한 일일까?

Q 아이들이 '그렇다'라고 대답하면 다시 질문하기

큰 곰이 케이크를 더 많이 먹는 것이 왜 공평할까?

A 아이들이 할 수 있는 답변

- 큰 곰이 큰 조각을 먹지 못하면 기분이 상할 것 같아요.

  반대의견 큰 곰이 더 많이 먹으면 작은 곰들은 기분이 좋지 않을 텐데?

- 큰 곰은 작은 곰보다 몸집이 커요. 그러니까 더 많이 먹어야 해요.

- 큰 곰의 몸집이 더 크기 때문에 더 많은 음식이 필요해요. 그러니까 더 많이 먹는 건 공평해요.

  이어서 질문하기 더 많이 필요한 사람에게는 더 많이 주어야 할까? 예를 들어, 다른 친구들보다 더 심한 감기에 걸린 친구가 있다고 가정해보자. 그 친구는 다른 친구보다 휴지도 더 많이 필요할 테니, 그만큼 휴지를 더 많이 주어야 하지 않을까?

Q 아이들이 '아니다'라고 대답하면 다시 질문하기

큰 곰이 케이크를 더 많이 먹는 것이 왜 불공평할까?

A 아이들이 할 수 있는 답변

큰 곰은 욕심이 많아요.

반대 의견 욕심이 많은 게 아니라 몸집이 크기 때문에 더 많은 음식을 먹어야 하는 것뿐이야.

곰 세 마리 모두 똑같이 케이크를 나누어 먹어야 해요. 친구들과 뭔가를 나눌 때는 공평하게 나누어야 하니까요.

반대 의견 너희들은 몸집이 거의 비슷하지만, 큰 곰은 작은 곰들보다 몸집이 훨씬 크잖아. 그러니까 케이크도 더 많이 먹어야 하지 않을까?

큰 곰이 케이크를 더 많이 먹으면 혼자만 행복하고, 작은 곰 두 마리는 기분이 안 좋을 거예요. 한 마리만 행복한 것보다는 두 마리가 행복한 게 더 나아요.

친구끼리는 무엇이든 똑같이 나누어야 해요.

반대 의견 그럼 이렇게 생각해보면 어떨까? 간식을 먹을 때 엄마, 아빠가 아이들보다 더 많이 먹잖아. 왜 그럴까? 어른은 아이보다 체구가 크기 때문에 더 많은 음식이 필요하기 때문이야. 그렇다면 큰 곰이 작은 곰보다 더 큰 케이크 조각을 먹는 것도 공평한 일이잖아. 아이들보다 체구가 큰 엄마, 아빠가 더 많은 음식을 먹는 것처럼 말이야.

····· 토론 활동 요약하기 ·····

첫째, 지금까지 논의한 문제를 다시 한 번 언급한다. 작은 곰과 큰 곰의 이야기를 통해 공평하게 나누는 법에 관한 이야기를 나누었다.

둘째, 아이의 답변을 요약한다. 답변 내용은 크게 다음 두 가지이다.

- 모두가 똑같이 나누어야 한다.
- 각자의 필요에 따라 나누어야 한다.

····· 후속 활동하기 ·····

아이들과 함께 케이크를 나누어 본다. 과반수 이상의 아이들이 동의한 방법, 또는 아이들의 방식대로 케이크를 나눈다. 운이 좋으면 아이들보다 더 큰 조각을 갖게 될 것이다!

····· 대체 활동하기 ·····

쌍둥이가 생일파티를 한다. 작은 곰 두 마리가 쌍둥이 역할을, 아이가 큰 곰 역할을 맡는다. 역할극을 하면서 아이가 자연스럽게 자신의 의견을 이야기할 수 있게 상황을 만든다.

도움을 요청했는데 친구가 거절했다면

철학적 주제

돕지 않는 것 vs. 도울 수 없는 것

목표

내가 도움을 요청했을 때 친구가 거절한다면,
거절한 이유와 상관없이 함께 놀지 않는 것이
공정한 태도인지 이야기해본다.

준비물

개빈, 존, 데이비드(인형이나 그림, 혹은 종이인형)

이야기 속으로

개빈은 집 앞 정원에 모래밭을 만들기로 했어요. 엄마는 개빈에게 정원 모퉁이에 있는 돌을 가져와 벽을 쌓아 두면 모래를 사다 주신다고 했지요. 그래서 개빈은 친구 존에게 함께 돌을 날라 벽을 쌓자고 부탁했어요. 하지만 존은 고개를 저으며 말했어요. "안 돼. 나 지금 스케이트보드 타야 해서 못 도와줘. 하지만 네가 다 만들고 나면 같이 놀아도 되지?" 그러자 개빈이 고개를 저으며 대답했어요. "아니, 그건 안 되지. 넌 날 안 돕는다고 했잖아." 개빈은 할 수 없이 혼자서 돌을 날라 벽을 쌓았어요. 벽을 다 쌓고 나니 너무 피곤했어요.

질문하기

개빈이 모래밭에서 함께 놀자는 존의 제안을 거절한 게 공정하다고 생각하니?

아이들이 '그렇다'라고 대답하면 다시 질문하기

개빈이 모래밭에서 함께 놀자는 존의 제안을 거절한 게 왜 공정하다고 생각해?

A 아이들이 할 수 있는 답변

- 존은 개빈을 도울 수 있었지만 거절했어요.
- 개빈은 존의 도움 없이 혼자서 모래밭을 만들었어요.
- 존은 도와 달라는 개빈의 부탁을 거절했어요.

  이어서 질문하기 개빈도 모래밭에서 함께 놀자는 존의 제안을 거절했잖아. 서로의 부탁을 거절한 건 둘 다 똑같아.

- 존은 이기적이에요. 모래밭을 함께 만들자는 개빈의 부탁은 거절해 놓고, 개빈이 모래밭을 완성하고 나면 같이 놀고 싶다고 했어요.

Q 아이들이 '아니다'라고 대답하면 다시 질문하기

개빈이 모래밭에서 함께 놀자는 존의 제안을 거절한 게 왜 공정하지 않다고 생각해?

A 아이들이 할 수 있는 답변

- 친구가 내 부탁을 거절했다고 해도 우리는 언제나 상대방을 용서해야 해요. 친구니까요.

  이어서 질문하기 내가 도움이 얼마나 필요한가에 따라 상대방을 용서해야 할지, 하지 말아야 할지 결정해야 할까? 만약 개빈이 심하게 다쳤는데도 존이 부탁을 거절했다면, 그래도 개빈은 존을 용서해야 할까?

- 존은 개빈의 친구니까 함께 모래밭 놀이를 해야 해요.

이야기 속으로

모래밭을 다 만들고 난 개빈은 잠시 쉬었어요. 그러고 나서 엄마가 사온 모래를 마당으로 날라야 했지요. '모래주머니를 함께 나를 친구가 있으면 좋겠어.' 개빈이 이런 생각을 하고 있을 때, 개빈의 옆집에 사는 데이비드가 집 밖으로 나왔어요. 개빈은 반가운 마음에 데이비드에게 부탁했어요. "데이비드, 나랑 같이 모래주머니 나르지 않을래? 모래밭 만들어서 같이 놀자." 하지만 데이비드도 개빈의 부탁을 거절했어요. "난 팔을 다쳐서 도와줄 수가 없어. 하지만 네가 다 옮기고 나면 같이 놀아도 될까?" 개빈이 단호하게 대답했어요. "아니, 싫어. 도와주지도 않

을 거잖아." 개빈은 어쩔 수없이 혼자 낑낑대며 모래주머니를 날랐고, 다 완성하고 나서도 혼자 놀았답니다.

Q 질문하기

개빈이 모래밭에서 함께 놀자는 데이비드의 제안을 거절한 게 공정하다고 생각하니?

Q 아이들이 '그렇다'라고 대답하면 다시 질문하기

개빈이 모래밭에서 함께 놀자는 데이비드의 제안을 거절한 게 왜 공정하다고 생각하니?

A 아이들이 할 수 있는 답변

- 개빈은 열심히 모래밭을 만들었는데 데이비드는 돕지 않았어요.
- 데이비드는 도와달라는 개빈의 부탁을 거절했어요.
- 데이비드의 행동은 이기적이에요.

반대 의견 데이비드는 팔을 다쳤기 때문에 개빈을 도울 수 없었어. 그러니까 데이비드의 행동을 불친절하거나 이기적이라고 말할 수는 없어. 반대로 개빈이 팔을 다친 데이비드를 도울 수도 있잖아.

Q 아이들이 '아니다'라고 대답하면 다시 질문하기

개빈이 모래밭에서 함께 놀자는 데이비드의 제안을 거절한 게 왜 공정하지 않다고 생각해?

A 아이들이 할 수 있는 답변

- 친구가 내 부탁을 거절했다고 해도 우리는 그 친구를 용서해야 해요.
- 데이비드는 개빈의 친구예요. 그러니까 개빈은 데이비드랑 함께 모래밭 놀이를 해야 해요.
- 데이비드는 팔을 다쳐서 개빈을 도울 수 없는 상황이었어요. 그러니까 모래주머니를 같이 나르자는 개빈의 부탁을 거절할 수밖에 없는 충분한 이유가 있었어요. 하지만 존은 얼마든지 개빈을 도울 수 있었는데도 돕지 않았죠. 개빈은 도와달라는 자신의 부탁을 거절한 친구들이 왜 그랬는지 이유를 구분해서 생각해야 해요.

이어서 질문하기 어떤 선생님이 빵을 만들면서 한 학생에게 도움을 요청했다고 가정해보자. 그런데 그 학생은 손을 다쳐서 도와줄 수 없다면서 선생님의 부탁을 거절했어. 이 경우에 팔을 다쳤다는 말이 부탁을 거절할 만한 이유가 될까? 선생님이 혼자서 빵을 다 만들고 나서 그 학생과 나누어 먹지 않아도 공정하다고 볼 수 있을까?

····· 토론 활동 요약하기 ·····

첫째, 지금까지 논의한 문제를 다시 한 번 언급한다. 도와달라는 내 부탁을 거절했을 때 결과물을 함께 나누지 않는 것이 공평한지에 대해 이야기를 나누었다.
둘째, 아이들의 답변을 요약한다. 답변 내용은 크게 다음 세 가지이다.

- 도와달라는 내 부탁을 상대방이 거절하면 결과물을 함께 나누지 않는 것이 공평하다.
- 도와달라는 내 부탁을 상대방이 거절해도 결과물을 함께 나누는 것이 공평하다. 친구들과는 늘 함께 나누어야 하니까.
- 상대방이 내 부탁을 거절한 이유를 구분해야 한다. 만약 타당한 이유 없이 도와달라는 부탁을 거절한다면 결과물을 함께 나누지 않는 것이 공평하다. 그러나 거절할 수밖에 없는 충분한 이유가 있다면 결과물을 함께 나누는 것이 공평하다.

····· 후속 활동하기 ·····

아이들에게 모래밭을 만드는 일을 왜 도와줄 수 없는지 질문해보자. 각각의 이유가 개빈을 도울 수 없는 타당한 이유인지 생각해보자.

철학적 주제

간식을 나눌 때 아무도 불평하지 않고 나누는 법

목표

둘 중 한 사람만 나중을 대비해
간식을 아껴두었을 때, 어떻게 하면
공평하게 나눌 수 있을지 이야기해본다.

준비물

두더지와 토끼(인형이나 그림, 혹은 종이인형)
포도 열 개가 든 가방

이야기 속으로

두더지와 토끼가 길을 걷고 있었어요. 한참을 걷던 둘은 피곤해져서 잠시 앉아 휴식을 취하기로 했지요. 두더지가 토끼의 가방을 바라보며 말했어요. "토끼야, 네 가방에 있는 포도 먹자." 토끼가 활짝 웃으면 말했어요. "좋은 생각이야. 포도 알이 열 개 있으니까 네가 세 개 먹고, 나머지는 내가 다 먹을래."

질문하기

포도를 이렇게 나누는 게 공평한 일일까?

이야기 속으로

그러자 두더지가 말했어요. "그건 공평하지 않아. 너랑 나랑 다섯 개씩 똑같이 나눠야지." 토끼는 가만히 생각하더니 고개를 끄덕였어요. 그러고는 각자 포도알을 다섯 개씩 나누어 가졌어요. 배가 고팠던 토끼는 그 자리에서 다섯 개를 전부 먹어치웠지만 두더지는 세 개만 먹었어요. "난 지금 다 안 먹을 거야. 조금 있으면 다시 배고파질 테니까 두 개는 아껴뒀다가 나중에 먹을래." 두더지는 포도 두 알을 다시 가방에 넣었어요. "자, 그럼 다시 길을 떠나볼까?" 두더지와 토끼는 일어나 걷기 시작했어

이건 내가 아까
먹지 않고 아껴둔 포도야.
공평하게 한 알씩 나누어
먹으면 될 텐데….

요. 얼마 후, 숲을 지나 강가에 도착했어요. 둘은 배를 타고 노를 저어 강을 건넜어요. 그때 토끼의 배에서 꼬르륵 소리가 들렸어요. "또 배가 고프네. 두더지야, 너 아까 남겨둔 포도 두 알 있지? 지금 그거 먹자. 두 알이 있으니까 아까처럼 똑같이 한 개씩 나누어 먹으면 되잖아." 그러자 두더지가 고개를 저으며 말했어요. "안 돼. 남은 포도 두 알은 다 내 거야. 넌 아까 다 먹었지만, 난 그때 안 먹고 아껴둔 거잖아."

Q 질문하기

두더지 혼자 포도 두 알을 다 먹는 것이 공평한 일일까?

Q 아이들이 '그렇다'라고 대답하면 다시 질문하기

두더지 혼자 포도 두 알을 다 먹는 게 왜 공평하다고 생각하니?

A 아이들이 할 수 있는 답변

- 두더지가 안 먹고 아껴둔 포도잖아요.
- 두더지가 남은 두 개를 먹어야 두더지와 토끼가 각각 다섯 개씩 먹은 게 되니까요.

토끼는 너무 욕심이 많아요.

반대 의견 토끼가 욕심이 많은 게 아니야. 처음부터 똑같이 나누어 먹자고 했으니까 공평한 거 아닐까?

토끼는 이기적이에요. 처음에는 두더지와 공평하게 나누려고 하지 않았으면서 나중에 두더지가 포도를 갖고 있으니 공평하게 나누자고 했어요.

Q 아이들이 '아니다'라고 대답하면 다시 질문하기

두더지 혼자 포도 두 알을 다 먹는 것이 왜 공평하지 않을까?

A 아이들이 할 수 있는 답변

우리는 항상 모든 것을 공평하게 나누어야 해요. 상대방이 과거에 좀 더 많이 가졌다 해도 말이에요.

반대 의견 포도 백 알이 있었는데 토끼 혼자 아흔여덟 알을 먹었다고 해 보자. 이런 상황에서도 남은 포도 알을 한 개씩 나누어 먹는 게 공평한 일일까?

두더지가 포도를 먹는 동안 토끼는 아무것도 먹지 못하고 물끄러미 바라만 봐야 하는데, 그건 너무 괴로워요.

지금 토끼는 엄청 배가 고파요. 배고픈 쪽이 좀 더 많이 먹는 게 공평한 일이에요.

반대 의견 물론 토끼는 배가 고파. 하지만 자기 배가 고프다고 다른 사람의 음식을 빼앗아 먹는 건 공정하지 않아. 토끼와 두더지의 상황도 이와 비슷한 것 아닐까?

····· 토론 활동 요약하기 ·····

첫째, 지금까지 논의한 문제를 다시 한 번 언급한다. 배고플 때를 대비해 둘 중 한 사람만 음식을 남겨둔 상황에서 어떻게 하면 그것을 공평하게 나눌 수 있을지에 대해 이야기를 나누었다. 둘째, 아이들의 답변을 요약한다. 답변 내용은 크게 다음 두 가지이다.

- 언제나 똑같이 나누는 게 공평하다. 한 사람은 다 먹어버리고 한 사람만 남겨두었다 해도 똑같이 나눠먹어야 한다.
- 어느 한쪽이 나중에 먹으려고 남겨둔 음식을 똑같이 나누어 먹는 건 불공평하다.

····· 후속 활동하기 ·····

아이들 스스로 이야기의 결론을 맺도록 한다. 글로 쓰거나 말로 하거나 그림을 그려도 좋다. 두더지의 마지막 대답에 토끼는 어떻게 대답할까? 토끼는 결국 포도를 한 알이라도 먹을 수 있었을까? 아니면 두더지 혼자 다 먹었을까? 이런 상황이 일어났을 때 토끼와 두더지의 기분은 어땠을까?

······ 대체 활동하기 ······

주디와 톰은 할머니께 각각 3,000원씩 용돈을 받았다. 주디는 돼지저금통에 저금을 했지만, 톰은 장난감 자동차를 사느라 다 써버렸다. 다음 날, 톰은 또 다른 자동차를 사야겠다며 주디에게 받은 용돈의 절반을 달라고 말했다. 주디는 톰에게 용돈을 나누어주어야 할까?

번거롭고 귀찮은 규칙이라면 지키지 않아도 된다?

철학적 주제

번거롭고 귀찮은 규칙은 왜 만드는 것일까?
우리를 구속하는 규칙,
반드시 지켜야 할까?

목표

언제, 왜 학교 규칙을
지켜야 하는지 이야기해본다.
규칙을 지키지 않아도 되는 경우가 있는지
이야기해본다.

이야기 속으로

학교에는 학생들이 지켜야 할 규칙이 많아요. 복도에서 뛰지 않는다, 지각하지 않는다, 수업 시간에 떠들지 않는다, 교실에 쓰레기를 버리지 않는다 등등 학교에 따라 다양한 규칙이 있어요. 학교뿐만 아니라 유치원, 가정, 사회에서 지켜야 할 규칙도 정말 많아요. 우리가 지켜야 할 규칙에는 어떤 것이 있을까요?

질문하기

학생들은 항상 규칙을 지켜야 할까?

아이들이 '그렇다'라고 대답하면 다시 질문하기

왜 항상 규칙을 지켜야 할까?

A 아이들이 할 수 있는 답변

✎ **규칙을 지키면 안전하게 생활할 수 있어요. 복도에서 뛰지 않기가 대표적이에요.**

반대의견 규칙을 지키는 것이 오히려 우리의 안전을 위협하는 경우도 있어. 그럴 땐 어떻게 해야 할까? 예를 들어, 위험한 동물이 학교에 나타나면 복도에서 힘껏 뛰어 도망쳐야 하잖아.

✎ **규칙은 우리 모두가 서로 협력할 수 있도록 만들어진 거예요.**

✎ **선생님께서 규칙을 지키라고 말씀하시니까 지켜야 해요.**

반대의견 선생님이 규칙을 지키지 말라고 한다면 안 지켜도 될까? 모든 일과가 끝나면 교실 정리를 하는 것이 규칙이지만, 학생들이 다 같이 참여한 대형 그림을 다 완성하지 못해서 선생님이 내일 아침까지 그대로 두라고 말씀하셨다면 어떻게 해야 할까?

✎ **규칙은 모든 상황이 순조롭게 진행되기 위해 존재해요.**

반대의견 규칙을 지키는 것이 오히려 일을 그르치는 경우도 있어. 예를 들어, 귀가 잘 안 들리는 친구가 있다면 큰 소리로 말해야 알아들을 수 있잖아. 이런 예외적인 경우에는 어떻게 해야 할까?

Q 아이들이 '아니다'라고 대답하면 다시 질문하기

왜 모든 상황에서 반드시 규칙을 지킬 필요가 없을까?

A 아이들이 할 수 있는 답변

- 규칙을 지키는 것이 오히려 일을 그르칠 수 있는 예외적인 상황이 있으니까요. 위험한 동물이 나타나거나 귀가 잘 안 들리는 친구와 대화할 때 규칙은 깨질 수 있어요.
- 선생님이 규칙을 안 지켜도 된다고 말씀하시면 규칙을 지키지 않아도 돼요. 예를 들어, 특수한 경우에 교실 정리정돈을 안 해도 좋다고 하셨을 때처럼요.
- 아주 엉뚱한 규칙은 지킬 필요가 없어요. 밖에 나갈 때는 비가 오지 않아도 늘 우산을 써야 한다는 규칙이 있다면 아무리 규칙이라도 지킬 필요가 없잖아요.
- 학교 규칙을 만들 권리가 전혀 없는 사람이 만든 규칙은 지키지 않아도 돼요. 만약 편의점 아저씨가 학교 규칙을 만든다면 지킬 이유가 없어요.

····· 토론 활동 요약하기 ·····

첫째, 지금까지 논의한 문제를 다시 한 번 언급한다. 학교 규칙을 언제, 왜 지켜야 하는지에 대해 이야기해보았다.
둘째, 아이들의 답변을 요약한다. 답변 내용은 크게 다음 두 가지이다.

- 규칙은 항상 지켜야 한다. 우리를 안전하게 보호해주고 서로 협력할 수 있도록 도와주기 때문이다.
- 규칙을 지키는 것이 오히려 일을 그르치거나 선생님이 규칙을 안 지켜도 좋다고 말씀하신 예외적인 경우에는 규칙을 안 지켜도 된다.

····· 대체 활동하기 ·····

둘씩 짝을 지어 규칙을 두 개씩 만들어본다. 그중 한 개는 일반적인 좋은 규칙으로, 나머지 한 개는 꼭 지킬 필요가 있는지 한 번쯤 생각해봐야 하는 규칙으로 만든다. 이후 다른 친구들과 각자 만든 규칙에 대해 이야기해본다.

2장

환경 보호

자연은 보호해야 할까, 개발해야 할까?

녹지를 그대로 보존할 필요가 없다

철학적 주제

개발할까, 유지할까?

지구별 환경을 잘 이용하고 살리는 길은 무엇일까?

목표

숲은 항상 보존해야 하는지 이야기해본다.

준비물

그린 아저씨, 홈스 아주머니,

랜시 아주머니(인형이나 그림, 혹은 종이인형),

나무와 집과 자동차가 각각 그려진 투표용지

(모든 아이에게 각각 한 장씩 돌아갈 수 있을 만큼의 양)

이야기 속으로

그린힐은 아름다운 숲으로 둘러싸인 시골 마을이에요. 마을 곳곳이 초록빛 나무들과 아름다운 야생화로 가득하지요. 마을에는 오랫동안 나무와 꽃과 풀이 무성한 드넓은 녹지가 있었어요.

마을 사람들은 이 땅을 어떻게 활용해야 하는지 몇 년 동안 고민에 고민을 거듭했지요.

그린 아저씨는 숲을 자연 그대로 보존해야 한다고 주장했어요. "숲은 우리 마을을 깨끗하고 아름답게 만드는 가장 중요한 자원입니다. 그곳은 절대 개발하면 안 돼요."

하지만 홈스 아주머니는 녹지를 개발해서 그곳에 집을 지어야 한다고 주장했어요. "우리 마을에는 집 없는 사람이 많아요. 드넓은 숲을 밀고 그곳에 집을 지으면 많은 사람이 마음 편하게 살 수 있는 집을 갖게 될 거예요."

랜시 아주머니는 생각이 조금 달랐어요. 숲을 개발해야 하지만 그곳에 주차장을 지어야 한다고 주장했지요. "우리 마을은 주차 공간이 너무 부족해요. 그래서 주차 문제로 다툼이 일어나기도 하잖아요. 그러니 녹지를 개발해 주차장을 지어야 해요."

마을 사람들의 의견은 각자 너무나 달랐어요. 그래서 녹지를 어떻게 해야 할지 함께 모여 의논하기로 했답니다.

Q 질문하기

아이들에게 나무, 집, 자동차가 각각 그려진 투표용지를 한 장씩 나누어준다. 질문을 듣고 동의하는 질문의 그림이 그려진 종이를 책상 가운데에 놓는다. 단, 세 가지 질문 중 단 한 가지 질문에만 동의할 수 있다.

- 녹지를 그대로 보존해야 한다는 그린 아저씨의 생각에 동의하니?
- 녹지를 주택단지로 개발해야 한다는 홈스 아주머니의 생각에 동의하니?

• 녹지를 주차장으로 만들어야 한다는 랜시 아주머니의 생각에 동의하니?

책상 중앙에 모인 투표용지 각각의 개수를 확인한다.

Q 질문하기

우리는 그린힐 마을 이야기를 듣고 녹지가 어떻게 사용되어야 하는지에 대해 투표를 했어. 녹지는 그대로 보존돼야 한다고 생각하니?

Q 아이들이 '그렇다'라고 대답하면 다시 질문하기

녹지는 왜 그대로 보존돼야 한다고 생각해?

A 아이들이 할 수 있는 답변

- 그대로 두어야 보기 좋아요. 마을도 아름다워지고요.
- 녹지에는 수많은 동물과 곤충이 살고 있어요. 그런 곳을 개발하면 동물과 곤충이 피해를 입을 거예요.

  반대의견 숲속에 위험한 동물이 살고 있을 수도 있잖아. 독이 있는 뱀이나 농작물 피해를 주는 멧돼지가 살고 있을 수도 있어.
- 집이나 주차장은 다른 땅을 이용해서도 얼마든지 만들 수 있어요.

녹지는 아이들의 놀이터로 활용될 수도 있어요.

반대 의견 녹지는 그대로 보존돼야 한다고 했는데, 만약 이 논리가 과거에도 적용됐다면 지금 우리는 집도 학교도 주차장도 전혀 지을 수 없었을 거야.

Q 아이들이 '아니다'라고 대답하면 다시 질문하기

녹지는 왜 그대로 보존될 필요가 없다고 생각해?

A 아이들이 할 수 있는 답변

녹지를 주차장으로 만들어야 해요. 자동차는 많은데 주차공간이 부족한 마을이니까요.

반대 의견 자동차는 심각한 대기오염의 원인이야. 주차장을 늘리는 대신 자동차 이용을 줄이면 되지 않을까?

많은 사람들이 집이 없다고 했어요. 그들이 살아갈 집이 필요해요.

학교와 병원을 지을 땅도 필요할 것 같아요.

이어서 질문하기 녹지는 경우에 따라 다른 목적으로 이용할 수 있다고 했는데, 만약 이 땅이 우리에게 남은 마지막 녹지라고 해도 다른 목적으로 이용할 수 있다고 생각하니?

····· 토론 활동 요약하기 ·····

첫째, 지금까지 논의한 문제를 다시 한 번 언급한다. 녹지를 그대로 보존해야 하는지 여부에 대해 이야기해보았다.

둘째, 아이들의 답변을 요약한다. 답변 내용은 크게 다음 세 가지이다.

- 녹지를 다른 용도로 활용하는 건 절대 안 된다.
- 집이나 학교 등 인간의 기본적인 욕구 충족을 위한 목적이라면 녹지를 다른 용도로 사용해도 좋다.
- 주차장처럼 우리에게 필요한 용도로 녹지를 활용하는 건 합리적이다.

····· 대체 활동하기 ·····

저학년 아이들은 그림 두 장을 그려본다. 한 장은 농부가 논 위에 서 있는 그림, 또 다른 한 장은 녹지가 각종 상점이 즐비한 곳으로 바뀐 그림이다. 어떤 그림이 더 좋아 보이는지, 그 이유는 무엇인지 이야기해본다.

고학년 아이들은 역할 놀이를 해본다. 내가 길가 끝에 있는 논의 주인이라고 가정해보자. 한 건축회사에서 이곳을 상점가로 만들고 싶다며 찾아왔다. 아이들을 세 그룹으로 나누어 한 그룹은 건축회사를, 또 다른 그룹은 논 주인을, 나머지 한 그룹은 논 근처에 살고 있는 마을 주민으로 설정해보자. 건축회사의 제안에 동의하는 사람도 있고 그렇지 않은 사람도 있을 것이다. 각 그룹별로 한 사람씩 이 논이 어떻게 사용되어야 하는지 이유를 들어 발표한다. 그리고 서로의 의견을 나누어본다. 논의 용도에 대해 결론이 나는지 관찰해보자.

철학적 주제

우리를 둘러싼 자연,
언제나 지금처럼 그대로일까?

목표

물을 낭비하는 것은
언제나 잘못된 행동인지 이야기해본다.

준비물

코끼리, 호랑이, 사자(인형이나 그림, 혹은 종이인형)

이야기 속으로

코끼리 에메랄드가 숲속을 한참 걷고 있었어요. 뜨거운 땡볕 아래, 바람 한 점 없는 여름날은 너무 더웠지요. 에메랄드는 차가운 물에 풍덩 몸을 담그고 싶은 마음이 간절했어요. 바로 그때, 에메랄드의 눈앞에 눈부시게 반짝이는 작은 호수가 나타났어요. 물은 수정처럼 맑고 깨끗했어요. 먼저 시원하게 목을 축인 에메랄드는 시원하게 물놀이를 하고 싶었어요. 커다란 몸으로 첨벙거리며 호수 안으로 들어간 에메랄드는 기분이 너무 좋았어요. 에메랄드가 물놀이는 하는 동안 호수의 물은 출렁거리며 넘쳐흘러 호숫가 옆 나무와 흙까지 흠뻑 적셨답니다. 에메랄드는 한참동안이나 첨벙이며 물놀이를 했어요.

그런데 어느 순간, 호수가 바닥을 드러내기 시작했어요. 에메랄드의 몸이 너무 커서 물이 다 넘쳐버린 거예요. 물이 바닥나자 에메랄드는 물 밖으로 나오며 말했어요. "다른 호수를 찾아봐야겠다. 물이 없으니 다시 더워졌어." 에메랄드는 호숫가를 떠날 채비를 했어요.

그때 사자 라치와 호랑이 티투스가 호숫가로 다가왔어요. "어휴, 목말라. 날씨가 정말 덥네. 여기서 물 좀 마셔야겠다." 라치가 숨을 몰아쉬며 크게 소리쳤어요. 그러자 티투스가 말했어요. "난 털이 온통 흙투성이야. 집에 가기 전에 좀 씻어야겠어." 호

날이 더울 때는
물놀이가 최고야!
더위가 싹 가시거든. 물이 많아서
정말 다행이야.

숫가로 다가온 라치와 티투스는 깜짝 놀랐어요. 물이 바짝 말라 있었으니까요. "물이 전부 어디로 간 거지?" 티투스가 어리둥절해하며 말했어요. "모르겠어. 어제만 해도 가득 차 있었는데." 라치도 고개를 갸우뚱하며 대답했어요. 둘은 주위를 둘러보았어요. 둘의 눈에 에메랄드가 보였지요. 라치가 에메랄드에게 물었어요. "이봐, 호수 물이 모두 바닥나버렸는데, 어떻게 된 영문인지 아니?" 에메랄드가 심드렁하게 대답했어요. "내가 오랫동안 물놀이를 했거든. 물이 다 넘쳐버린 것 같아." 티투스는 너무 화가 났어요. "맙소사, 너는 우리가 마시고 사용할 물까지 모두 써버렸어. 이제 어떻게 할 거야?" 티투스의 말에 에메랄드는 미안한 마음이 들었어요. "정말 미안해. 정신없이 놀다보니 내가 얼마나 많은 물을 사용하고 있는지도 몰랐어." 에메랄드는 진심으로 사과했어요. 라치가 한숨을 쉬며 티투스에게 말했어요. "할 수 없지. 우리 다른 호숫가로 가보자. 당분간은 비 소식도 없어서 물이 쉽게 채워지진 않을 거야."

라치와 티투스는 오던 길을 되돌아갔어요. 호숫가에 혼자 남은 에메랄드는 친구들에게 너무나 미안한 마음이 들었답니다.

Q 질문하기

에메랄드가 물을 낭비한 것은 잘못이라고 생각하니?

Q 아이들이 '그렇다'라고 대답하면 다시 질문하기

에메랄드가 물을 낭비한 것이 왜 잘못이라고 생각해?

A 아이들이 할 수 있는 답변

- 다른 친구들이 마실 물도 남기지 않고 다 써버렸어요.
- 다른 친구들이 씻을 물도 남기지 않고 다 써버렸으니까요.
- 다른 친구들이 물놀이 할 물도 남기지 않고 다 써버렸잖아요.
- 식물 친구들이 먹을 물도 남기지 않고 다 써버렸어요.

Q 아이들이 '아니다'라고 대답하면 다시 질문하기

에메랄드가 물을 낭비한 것은 왜 잘못이 아니라고 생각해?

A 아이들이 할 수 있는 답변

- 에멜랄드는 물놀이를 하며 즐거운 시간을 보냈어요. 더위 때문에 그런 것이지 나쁜 마음은 아니었어요.
- 물이 바닥난 호수는 비가 오면 다시 채워질 거니까 괜찮아요.
- 물이 많은 다른 호수로 가면 되니까요.

Q 질문하기

물을 낭비하는 것은 언제나 잘못된 행동일까?

Q 아이들이 '그렇다'라고 대답하면 다시 질문하기

물을 낭비하는 것은 왜 늘 잘못된 행동일까?

A 아이들이 할 수 있는 답변

- 낭비하다 보면 물이 남아나지 않을 거예요.
- 우리는 물을 먹지 않고는 살 수 없어요. 그러니 아껴 써야 해요.
- 청소를 하고 변기 물을 내릴 때도 물은 꼭 필요해요.

  반대 의견 물을 낭비하는 것은 늘 잘못이라고 했는데, 이런 경우는 어떨까? 수도꼭지에서 탁한 물이 나올 때는 맑은 물이 나올 때까지 그대로 틀어두잖아. 그럴 때는 물을 낭비해도 되지 않을까? 비가 많이 내리면 물은 늘 다시 채워지니까 말이야.

  이어서 질문하기 반대 의견의 사례와 에메랄드가 물을 낭비한 사례에는 어떤 차이가 있을까?

- 에메랄드가 물을 사용했던 호수는 물이 깨끗하고 양이 정해져 있어요. 하지만 반대 의견 사례의 경우는 물이 더러웠고 물의 양이 제한되어 있지도 않았어요.

Q 아이들이 '아니다'라고 대답하면 다시 질문하기

물을 낭비하는 것이 왜 늘 잘못된 행동이 아닐까?

A 아이들이 할 수 있는 답변

- 비가 오면 호수의 물은 다시 채워지니까요.
- 물의 공급량이 언제나 제한되어 있는 건 아니에요.
- 오염된 수돗물을 사용하면 병이 생길 수 있어요. 그럴 때는 더러운 물은 모두 흘려보내고 나서 사용해야 해요.

  이어서 질문하기 깨끗한 물이지만 그 양이 제한되어 있다고 가정해보자. 그럴 경우에도 물을 낭비해도 괜찮다고 생각하니?

····· 토론 활동 요약하기 ·····

첫째, 지금까지 논의한 문제를 다시 한 번 언급한다. 물을 낭비하는 것은 늘 잘못된 행동인지 이야기해보았다.

둘째, 아이들의 답변을 요약한다. 답변 내용은 크게 다음 두 가지이다.

- 물을 낭비하는 것은 늘 잘못된 행동이다.
- 물을 낭비하는 것이 항상 잘못된 행동은 아니다. 수돗물이

더러워 물을 빼내야 하거나 이미 충분한 물이 있을 때에는 많이 사용해도 상관없다.

····· 후속 활동하기 ·····

물을 낭비하는 그림을 그려본다. 몇 개의 그룹으로 나누어 서로의 그림을 보고 물을 절대 낭비해서는 안 되는 상황인지, 혹은 많이 사용해도 괜찮은 상황인지 이야기해본다.

····· 대체 활동하기 ·····

마틴과 강아지 스팟이 물놀이를 하고 있다. 한참을 놀다 보니 물이 다 없어져버렸다. 학교에서 돌아온 마틴의 큰형 마이클은 무척 화가 났다. 마이클도 물놀이를 하며 더위를 식히고 싶었기 때문이다. 마틴과 강아지 스팟의 행동에 대해 이야기해본다.

쓰레기를 버릴 때 분리수거를 꼭 해야만 할까?

철학적 주제

우리가 만들고 버린 쓰레기,

어떻게 활용해야 할까?

목표

쓰레기를 재활용해야 하는지,

해야 한다면 왜 해야 하는지 이유를 이야기해본다.

준비물

그린 아주머니와 쓰레기통(인형이나 그림, 혹은 종이인형)

이야기 속으로

그린 아주머니가 한가득 채운 쓰레기봉투를 들고 뒷마당으로 나갔어요. "다 재활용할 수 있는 쓰레기니까 분리수거를 해야겠다." 그린 아주머니는 신문지는 종이 수거함에, 플라스틱 병은 플라스틱 수거함에, 유리병은 유리 수거함에 분리해서 넣었어요. 그렇게 분류를 끝내니 뿌듯한 기분까지 들었지요. 아주머니는 가벼운 발걸음으로 집으로 향했어요.

그런데 그때, 어디선가 버럭 소리치는 소리가 들려왔어요. "왜 이 쓰레기들을 나한테 집어넣는 거죠?" 그린 아주머니는 깜짝 놀라서 뒤를 돌아보았어요. 믿을 수 없었지만 분명 쓰레기통에서 나는 소리였어요. "넌 누구니?" 아주머니가 떨리는 목소리로 물었어요. 그러자 쓰레기통이 말했어요. "난 베니예요. 쓰레기통이죠." 아주머니는 놀란 마음을 진정시키며 베니에게 물었어요. "이봐, 베니. 넌 쓰레기통이야. 그런데 네가 쓰레기가 싫다면 이 쓰레기를 어디다 버리라는 거니?" 베니는 잠시 생각하더니 투덜거리며 대답했어요. "글쎄요. 그냥 아주머니 집 앞 정원에 버리면 되잖아요." 깜짝 놀란 그린 아주머니는 손사래를 쳤어요. "그건 안 돼. 그러면 쓰레기는 아무 쓸모도 없어지잖아. 쓰레기를 재활용하는 건 무척 중요한 일이야. 지구를 지키는 일이라고." 하지만 베니는 질 수 없다는 듯 큰 소리로 말했어요. "아니, 그렇지 않아요! 쓰레기가 생기는 대로 정원에 던져버리면 얼마나 쉽고 편해요? 그냥 정원에 쌓아두세요. 어차피 보는 사람도 없고, 더구나 쓰레기는 금방 썩는다고요!"

Q 질문하기

베니는 몇 가지 이유를 들어 그린 아주머니에게 쓰레기를 정원에 버리라고 말했어. 그 이유가 타당하다고 생각하니?

Q 아이들이 '그렇다'라고 대답하면 다시 질문하기

베니가 말한 이유가 왜 타당하다고 생각해?

A 아이들이 할 수 있는 답변

- 정원에 버리면 일일이 분리수거를 하는 것보다 훨씬 쉽고 편하잖아요. 베니의 말이 백번 맞아요.

  반대의견 때로는 잘못된 방법이 더 쉬운 경우도 있어. 방을 어지르는 게 정돈하는 것보다 훨씬 쉬운 것처럼 말이야.

- 마당의 주인은 그린 아주머니예요. 그러니까 아주머니 마음대로 정원에 쓰레기를 버려도 아무 문제없어요.

- 종이는 금방 썩어요. 그러니까 정원에 쓰레기를 버려도 정원은 금방 제 모습을 찾을 거예요.

  반대의견 종이는 썩지만 유리병과 플라스틱은 썩지 않아.

Q 아이들이 '아니다'라고 대답하면 다시 질문하기

베니가 말한 이유가 왜 타당하지 않다고 생각하니?

A 아이들이 할 수 있는 답변

- 분리수거를 하면 쓰레기를 훨씬 더 빨리 처리할 수 있어요.

- 쓰레기를 정원에 쌓아두면 지나가는 이웃들도 모두 보게 될 거예요. 그럼 다들 눈살을 찌푸리겠죠.

- 그린 아주머니가 자기 정원에 쓰레기를 쌓아두는 걸 원치 않아요.

✎ 플라스틱이나 유리 같은 쓰레기는 영원히 썩지 않고 정원에 계속 남아 있어요.

이야기 속으로

베니의 말에 그린 아주머니도 이에 질세라 대꾸했어요. "내 정원에 쓰레기를 버릴 순 없어! 쓰레기는 반드시 재활용해야 해. 그렇게 하면 쓰레기도 얼마든지 다른 용도로 다시 태어날 수 있단다. 하지만 정원에 쌓아두면 보기에 안 좋고 쓰레기 때문에 텃밭도 가꿀 수 없어."

Q 질문하기

그린 아주머니는 정원에 쓰레기를 버릴 수 없는 몇 가지 이유를 들면서 쓰레기는 반드시 재활용해야 한다고 말했어. 그 이유가 타당하다고 생각하니?

Q 아이들이 '그렇다'라고 대답하면 다시 질문하기

그린 아주머니가 말한 이유가 왜 타당하다고 생각해?

A 아이들이 할 수 있는 답변

- 재활용할 수 있는 물건을 마구잡이로 버리는 건 낭비예요.
- 정원에 쓰레기를 버리지 않으면 텃밭도 가꾸고 놀이도 하는 등 다양하게 활용할 수 있어요.
- 정원에 쓰레기를 쌓아두면 보기에 안 좋아요.

  반대의견 예쁜 색깔의 의자나 그릇 등은 보기에 좋을 수도 있어.
- 정원의 주인은 그린 아주머니예요. 그러니까 아주머니가 원치 않으면 버리지 않는 게 당연해요.

Q 아이들이 '아니다'라고 대답하면 다시 질문하기

그린 아주머니가 말한 이유가 왜 타당하지 않다고 생각하니?

A 아이들이 할 수 있는 답변

- 신문 같은 종이는 금방 썩어요. 그러니까 정원에 버려도 시간이 조금만 지나면 정원도 금세 예전 모습으로 돌아올 거예요.

  반대의견 유리나 플라스틱 같은 쓰레기는 썩지 않아.
- 기저귀나 전구 같은 쓰레기는 재활용할 수 없어요.
- 유리 화병처럼 보기에 좋은 쓰레기도 있어요.

  반대의견 쓰레기는 대부분 모양도 예쁘지 않고 냄새도 안 좋아.

····· 토론 활동 요약하기 ·····

첫째, 지금까지 논의한 문제를 다시 한 번 언급한다. 쓰레기를 재활용해야 하는지, 해야 한다면 왜 해야 하는지 이유를 이야기해보았다.

둘째, 아이들의 답변을 요약한다. 답변 내용은 크게 다음 두 가지이다.

- 쓰레기는 반드시 재활용해야 한다. 다시 한 번 사용함으로써 자원 낭비를 줄일 수 있기 때문이다. 정원에 버리지 않고 분리수거를 하면 정원을 텃밭으로 사용하는 등 다른 용도로 쓸 수 있다. 유리병이나 플라스틱 같은 쓰레기는 영원히 썩지 않지만 분리수거를 하면 얼마든지 다시 사용할 수 있다.
- 분리수거는 안 해도 된다. 너무 많은 시간과 수고가 들기 때문이다. 집 앞 정원에 쓰레기를 쌓아 두는 사람도 있다. 게다가 종이 같은 쓰레기는 가만히 두어도 저절로 썩는다.

····· 후속 활동하기 ·····

쓰레기통을 가져와서 재활용할 수 있는 것과 없는 것을 구분해보고, 재활용 가능한 쓰레기를 분리수거하는 방법에 대해서도 정보를 나누어본다. 재활용 가능한 쓰레기를 보면서 어떻게 재활용해서 사용하면 좋을지 아이디어를 생각해본다. 그리고 실제로 쓰레기가 어떤 제품으로 재활용되어 상품으로 팔리고 있는지 아이들과 함께 자료를 찾아본다.

3장

사회성

어떻게 하면 좋은 친구를 사귈 수 있을까?

철학적 주제

우리는 진정한 친구일까?

목표

어떻게 하면 좋은 친구가 될 수 있는지 이야기해본다.

준비물

기록용 칠판,
테오도르 인형 한 개와
친구들 인형 여러 개(친구 인형은 아이들에게 나누어준다)

테오도르가 전학을 왔어요. 엄마와 함께 학교에 와서 선생님을 만난 테오도르는 선생님께 인사를 드렸어요. 엄마는 선생님과 몇 말씀을 나눈 뒤 집으로 돌아갔어요. 혼자 덩그러니 남은 테오도르는 선생님과 함께 교실로 들어갔어요.

Q 질문하기

테오도르의 기분은 어땠을까?

A 아이들이 할 수 있는 답변

- 부끄러웠을 것 같아요.
- 긴장됐을 거예요.
- 혼자 남으니 외롭지 않았을까요?
- 새로운 친구들을 만나니 설렜을 것 같아요.
- 새로운 학교에서 새 친구들을 만나니 행복했을 거예요.
- 어쩔 줄 몰라 안절부절했을 것 같아요.

이야기 속으로

교실에는 처음 보는 낯선 친구들이 앉아 있었어요. 서로 모두 친해 보였어요.

Q 질문하기

다른 친구들이 테오도르와 친구가 되려면 어떻게 해야 할까?

A 아이들이 할 수 있는 답변

- 교실을 구경시켜 주면 좋을 것 같아요.
- 저 같으면 같이 놀지 않겠냐고 물어볼 거예요.
- 다가가서 말을 걸어요.
- 자기 이름을 소개하면서 말을 시켜요.
- 손을 잡아주면 어떨까요?
- 크레파스를 빌려줘요.
- 가방을 내리거나 겉옷을 벗는 걸 도와주는 것도 좋은 방법 같아요.

아이들의 대답을 칠판에 적고 그 답변에 대해 서로의 의견을 이야기해본다. 그 행동에 동의한다면 각자 곰 인형을 들고 그 이유를 설명해본다.

Q 질문하기

친구들의 답변을 종류별로 나누어볼 수 있을까?

A 아이들이 할 수 있는 답변

- 무언가를 함께하자고 했어요.

- 물건을 빌려준다고 했어요.
- 너를 생각하고 있다는 마음을 표현했어요.
- 서로서로 도와준다고 했어요.

····· 토론 활동 요약하기 ·····

첫째, 지금까지 논의한 문제를 다시 한 번 언급한다. 어떻게 하면 좋은 친구가 될 수 있는지 이야기해보았다.
둘째, 아이들의 답변을 요약한다. 답변 내용은 크게 다음 네 가지이다.

- 좋은 친구는 뭔가를 함께한다.
- 좋은 친구는 물건을 빌려준다.
- 좋은 친구는 서로를 따뜻하게 대한다.
- 좋은 친구는 서로를 돕는다.

····· 후속 활동하기 ·····

다음 여섯 가지 사례를 아이들에게 보여주고, 좋은 친구가 될 수 있는 사람과 그럴 수 없는 사람을 나누어본다. 고학년의 경우 이 내용을 카드에 적은 뒤, 두 경우로 나누어본다.

- 수잔은 존에게 함께 축구를 하자고 제안했다.
- 메리와 제인은 함께 강아지를 산책시켰다.
- 데이비드는 지미에게 자전거를 안 태워줄 거라고 말했다.
- 제니는 메리가 찾고 있는 책을 함께 찾아주었다.
- 스캇은 넘어져서 무릎을 다친 수잔을 혼자 두고 가버렸다.
- 제임스는 혼자 앉아 있는 데이비드에게 가서 말을 걸었다.

내 건데 왜 친구와 나눠야 할까?

철학적 주제

친구와 우정을 오랫동안 지키는 방법은 무엇일까?
친구와는 무엇이든 함께 나누어야 할까?

목표

내가 가진 모든 것을
친구와 나누어야 하는지에 관해
이야기해본다.

준비물

윌리엄과 아서(인형이나 그림, 혹은 종이인형)

이야기 속으로

윌리엄과 아서는 친구 사이예요. 어느 날 두 사람은 윌리엄의 집 앞 정원에서 놀고 있었어요. 그런데 잠시 뒤, 윌리엄이 아서에게 뾰로통하게 말했어요. "오늘은 내 축구공 가지고 너랑 같이 놀기 싫어." 아서는 깜짝 놀랐어요. "네가 축구공으로 같이 놀기 싫다면 우린 축구를 할 수 없어. 그럼 난 갈 거야." 아서는 휙 돌아서서 집으로 돌아갔고, 윌리엄은 혼자 남았어요.

다음 날, 윌리엄은 아서에게 어제 일을 사과했어요. 그래서 둘 다 어제 일은 잊어버리기로 했지요. 수업이 시작되고 모두 교과서를 꺼냈어요. 그런데 어쩌죠? 윌리엄이 교과서를 안 가져왔지 뭐예요. 둘은 짝꿍이라서 책상에 나란히 앉아 있었기 때문에 교과서를 같이 봐야 했어요. 하지만 아서는 자기부터 먼저 보겠다고 했어요. "내가 다 보면 네가 봐." 윌리엄은 불만 섞인 목소리로 말했어요. "그럼 너무 늦잖아." 하지만 아서는 자기가 먼저 보고 나서 윌리엄에게 교과서를 보여주었어요. 그 탓에 윌리엄은 제시간에 선생님 지시 사항에 따르지 못했고, 선생님께 야단을 맞고 말았지요. 윌리엄은 아서에게 너무 화가 났어요. 등을 돌리고 앉아 아서에게 단 한마디 말도 하지 않았어요. 수업 시간 내내 두 사람은 깊은 생각에 빠졌어요. 어제일부터 오늘 일까지 둘 다 잘못이 있었다는 생각이 든 거예요.

혼자 노니까 심심해. 아서랑
같이 놀면 재밌었을 텐데….

수업이 모두 끝나고 집에 돌아갈 시간. 윌리엄과 아서는 서로를 마주보며 머리를 긁적였어요. 자신의 잘못을 반성하고 서로에게 손을 내밀었지요. "우리 이제부터는 그러지 말자. 지금부터는 뭐든 함께 나누는 거야. 그게 친구잖아!" 윌리엄의 말에 아서도 고개를 끄덕였어요.

Q 질문하기

윌리엄과 아서는 언제 서로에게 등을 돌렸지?

A 아이들이 할 수 있는 답변

서로에게 축구공과 책을 안 빌려주면서 등을 돌렸어요.

Q 질문하기

내가 가진 모든 것을 친구와 나누어야 할까?

Q 아이들이 '그렇다'라고 대답하면 다시 질문하기

왜 내가 가진 모든 것을 친구와 나누어야 할까?

A 아이들이 할 수 있는 답변

- 내가 가진 것을 나누면 그것으로 친구의 부족한 부분을 채워줄 수 있으니까요.
- 내가 가진 것을 나누면 마음이 뿌듯해져요.
- 내가 먼저 나누면 친구도 기꺼이 나누어주잖아요.
- 친구와 함께해야만 같이 놀 수 있는 경우가 있어요. 축구나 야구처럼요.

  반대의견 나의 모든 것을 친구와 나누어야 한다고 했는데, 만약 내가 감기에 걸렸으면 어떻게 해야 할까? 그런 상황에서도 내 것을 친구와 나누어야 할까?

Q 질문하기

그럼 친구와 나누지 말아야 할 것에는 무엇이 있을까?

A 아이들이 할 수 있는 답변

- 감기처럼 우리에게 나쁜 모든 것은 나누면 안 돼요.
- 이름은 나누면 안 돼요. 모두가 같은 이름으로 서로를 부르면 너무 혼란스러울 것 같아요.
- 부모님은 나누면 안 돼요. 부모님은 나만의 특별한 존재니까요.

Q 아이들이 '아니다'라고 대답하면 다시 질문하기

왜 내가 가진 모든 것을 친구와 나눌 필요가 없을까?

A 아이들이 할 수 있는 답변

- 뭔가를 나누지 않아도 친구가 될 수 있어요.
- 나 혼자 간직하는 게 좋은 것도 있어요.

  반대의견 너무 이기적인 생각은 아닐까?
- 감기처럼 나쁜 건 친구와 나누어서는 안 돼요.
- 엄마나 반려동물, 또는 생일선물처럼 내게 아주 소중하거나 특별한 존재는 나누면 안 돼요.

····· 토론 활동 요약하기 ·····

첫째, 지금까지 논의한 문제를 다시 한 번 언급한다. 내가 가진 모든 것을 친구와 나누어야 하는지에 관해 이야기해보았다.

둘째, 아이들의 답변을 요약한다. 답변 내용은 크게 다음 세 가지이다.

- 우리는 모든 것을 친구와 나누어야 한다.
- 좋은 것만 친구와 나누면 된다.

- 엄마나 생일선물처럼 나만의 특별한 존재나 물건은 나누지 않아도 된다.

····· 후속 활동하기 ·····

친구와 나누기를 원하는 두 가지, 그리고 나누기를 원치 않는 한 가지를 글씨로 쓰거나 그림으로 그려본다. 그리고 그 이유에 대해 이야기해본다.

철학적 주제

친구는 늘 도와야 할까?

목표

친구와 언제 협동해야 하는지
이야기해본다.

준비물

엠마와 샐리(인형이나 그림, 혹은 종이인형)

이야기 속으로

샐리의 집 앞에 도착한 엠마가 외쳤어요. "샐리, 나 왔어. 나와서 같이 놀자!" 엠마를 맞이한 샐리는 시무룩한 표정으로 대답했어요. "그러고 싶지만, 안 돼. 내 방 정리를 다 끝날 때까지는 못 나가." 엠마는 어깨가 축 처진 샐리의 등을 두드리며 말했어요. "좋아, 내가 도와줄게! 그럼 빨리 끝내고 놀 수 있지 않을까?" 샐리는 눈을 동그랗게 뜨며 기뻐했어요. "와, 좋은 생각이다! 고마워, 엠마!" 둘은 함께 샐리 방으로 가서 방 정리를 시작했어요. 어지럽게 널려 있던 장난감이며 옷가지를 순식간에 치웠지요. "청소도 같이 하니까 재밌다!" 샐리가 활짝 웃으며 말했어요. 방 청소가 끝나자 샐리의 엄마는 엠마와 샐리를 길 건너 놀이터에 데려다 주었어요. "엄마는 30분 후에 올게. 그때까지 둘이 놀고 있으렴. 하지만 너희들끼리는 절대 찻길을 건너면 안 돼! 위험해. 알았지?"

둘은 고개를 끄덕인 뒤 놀이터에서 그네도 타고 미끄럼도 타면서 즐겁게 놀았어요. 한참을 놀다가 엠마가 말했어요. "샐리, 우리 시소 타자." 하지만 샐리는 엠마의 부탁을 거절했어요. "미안해, 못 타겠어. 나 지금 너무 피곤해." 샐리는 그렇게 말하고는 벤치에 털썩 주저앉았어요. 엠마는 시무룩한 표정으로 시소에 앉았어요. 시소도 못 타고 샐리는 벤치에 앉아 있으니 엠마는 너

무 심심했어요.

그래서 엠마는 집에 가야겠다고 생각했어요. "샐리, 나 집에 갈래. 같이 찻길 건널까? 같이 가면 안전하게 건널 수 있을 거야." 하지만 샐리는 이 부탁도 거절했어요. "안 돼. 엄마가 우리 둘이서는 절대 찻길을 건너지 말라고 하셨잖아. 엄마 오실 때까지 기다려야 해." 샐리의 새침한 말에 엠마는 울음을 터뜨리고 말았어요. 시소도 같이 타지 않고 찻길도 같이 건너지 않겠다니, 샐리에게 너무 서운했던 거예요. "샐리, 나 집에 갈래. 그냥 우리끼리 가자, 응?" 하지만 샐리는 단호했어요. "안 돼." 바로 그때, 저 멀리에서 샐리의 엄마가 보였어요. "아이고, 착해라. 너희들끼리 안 가고 엄마 기다렸구나. 잘했어."

세 사람은 그제야 찻길을 건너 각자의 집으로 돌아갔답니다.

Q 질문하기

엠마는 샐리를 도와 샐리의 방을 함께 청소했어. 하지만 샐리는 엠마가 함께 시소를 타자고 했을 때, 엄마 없이 찻길을 건너자고 했을 때도 엠마의 부탁을 거절했지. 그럼 우리는 어떤 상황에서도 반드시 친구와 협동해야 할까?

Q 아이들이 '그렇다'라고 대답하면 다시 질문하기

왜 어떤 상황에서도 반드시 친구와 협동해야 할까?

A 아이들이 할 수 있는 답변

- 일이 빨리 끝나요. 샐리도 엠마가 도와줘서 방 청소를 빨리 끝냈잖아요.

- 다른 사람과 힘을 합쳐서 무언가를 하는 건 즐거운 일이에요.

  반대 의견 그렇지 않을 때도 있어. 너무 피곤하거나 상대방을 좋아하지 않을 경우에는 협동이 그렇게 즐겁지는 않아.

- 협동은 서로를 이해하며 돕는 과정이에요.

  반대 의견 옳지 않은 일을 함께하자고 제안할 때는 어떻게 해야 할까? 물건을 훔치자고 하거나 부모님 없이 여행을 떠나자고 하는 경우 말이야.

- 내가 먼저 도와주면 친구도 내게 도움이 필요할 때 도와줄 거예요.

Q 아이들이 '아니다'라고 대답하면 다시 질문하기

왜 모든 상황에서 친구와 협동할 필요가 없을까?

A 아이들이 할 수 있는 답변

- 이기적이거나 잘못된 행동을 같이하자고 친구가 부탁한 경우에는 협동할 수 없어요. 엠마가 샐리의 엄마 없이 찻길을 건너자고 샐리에게 부탁했을 때 샐리가 거절한 것처럼 말이에요.

- 도와주고 싶은 마음이 들지 않을 때는 협동할 필요가 없어요. 몸이 너무 피곤한데 억지로 협동할 수는 없잖아요.

  반대 의견 내 도움이 꼭 필요한 상황에서 내가 친구의 부탁을 거절하면 친구가 너무 곤란하지 않을까?

- 내가 제대로 할 수 없는 일을 같이 하자고 할 때는 협동할 수 없어요.

····· 토론 활동 요약하기 ·····

첫째, 지금까지 논의한 문제를 다시 한 번 언급한다. 어떤 상황에서도 친구와 협동해야 하는지에 대해 이야기해보았다.

둘째, 아이들의 답변을 요약한다. 답변 내용은 크게 다음 두 가지이다.

- 친구와는 항상 협동해야 한다. 협동은 나와 친구 모두에게 즐거운 일이기 때문이다.
- 친구라도 항상 협동할 필요는 없다. 옳지 않은 행동을 같이 하자고 부탁받았거나 내가 제대로 할 수 없는 일을 부탁받았을 경우가 그렇다.

······ 후속 활동하기 ······

아이들을 몇 개의 팀으로 나누어 교실에서 협동하면 좋은 일과 그렇지 않은 일의 목록을 적어본다. 다른 팀의 목록을 비교하면서 그렇게 생각한 구체적인 이유를 이야기해본다.

철학적 주제

나는 남들과 달라
특별함일까, 잘난척일까?

목표

남들과 다르다는 게 좋은 것인지
이야기해본다.

준비물

양 메이지와 친구 양 몇 마리
(인형이나 그림, 혹은 종이인형)

이야기 속으로

데이비드 아저씨가 기르는 양은 전부 비슷했어요. 딱 한 마리, 메이지만 빼고요. 메이지는 다른 양과는 완전히 달랐어요.

어느 날, 메이지는 목장 한구석에서 혼자 풀을 뜯고 있었어요. 다른 양들은 모두 데이비드 아저씨가 사다 준 순무를 먹고 있던 참이었지요. 메이지는 다른 양들을 돌아보며 이렇게 중얼거렸어요. "역시 내가 다른 애들보다 훨씬 많이 먹는구나. 난 식성도 남달라."

순무를 다 먹은 메이지는 야구방망이와 공을 가지고 다른 양과 함께 놀았어요. 메이지는 방망이로 공을 칠 수 있는 유일한 양이었지요. 다른 양들은 못하는 걸 혼자만 할 수 있다고 생각하니 메이지는 우쭐한 기분이 들었어요. 다른 양들과 야구 놀이를 끝내고 나니 어느덧 해가 뉘엿뉘엿 기울고 있었어요. 기분이 좋아진 메이지는 목장 한가운데에서 춤을 추기 시작했어요. 그 모습을 지켜보던 양 한 마리가 이렇게 말했어요. "양은 원래 춤을 못 추는데…." 메이지는 다른 양들이 자신을 바라보는 시선을 느끼며 남들과 다른 자신의 모습이 마냥 뿌듯해 계속해서 춤을 추었답니다.

다음 날, 메이지 혼자서만 목장 한구석에서 조용히 풀을 뜯고 있었어요. 메이지가 다른 양들에게 풀을 먹지 말라고 위협했거든요. 다른 양들은 쭈뼛거리며 메이지의 말을 따랐어요.

난 다른 양들과는 달라.
이렇게 춤도 출 수 있고, 식성도
남다르고, 야구도 할 수 있지.

풀을 배불리 먹은 메이지는 야구방망이와 공으로 다른 양과 함께 놀기 시작했어요. 메이지는 무리 가운데 방망이로 공을 칠 수 있는 유일한 양이었기 때문에 마음껏 야구방망이를 휘두를 수 있었지요. 그런데 어쩌죠? 메이지가 친 공이 구경하던 양을 치는 바람에 그 양이 넘어지는 일이 벌어졌지 뭐예요. 다른 양들은 웅성거리기 시작했어요.

저녁 무렵이 되었을 때, 메이지는 목장 한가운데서 또다시 춤을 추었어요. 그날도 메이지의 기분은 최고였거든요. 그 모습을 본 다른 양이 중얼거렸어요. "양은 원래 춤을 못 추는데…." 그러나 메이지는 춤을 추고 있던 게 아니었어요. 다른 양의 말이 끝나자마자 메이지는 발을 높이 뻗어 올려 옆에서 구경하고 있던 친구 양을 세게 걷어차버렸답니다. 뻥!

Q 질문하기

남들과 다른 것은 늘 좋은 것일까, 아니면 늘 안 좋은 것일까?
혹은 좋을 때도 있고 안 좋을 때도 있을까?

Q 아이들이 '늘 좋은 것이다'라고 대답하면 다시 질문하기

남들과 다른 것은 왜 늘 좋은 것일까?

A 아이들이 할 수 있는 답변

다른 사람과 구별된 나 자신으로 살아갈 수 있어요.

반대 의견 사람은 누구나 자신만의 고유한 특징이 있어. 굳이 남들과 다르게 살아갈 필요가 있을까?

남들이 할 수 없는 걸 하면 남다르게 보일 수 있어요.

남들과 다르면 사람들로부터 칭찬과 존경을 받아요.

반대 의견 과연 남들과 다른 것이 늘 좋은 걸까? 이야기를 읽어보면 꼭 그런 것 같지는 않아. 메이지는 분명 다른 양과는 구별되는 양이었지만, 그 특별함을 다른 양들을 괴롭히는 무기로 삼았잖아. 그런데도 남들과 다른 것이 좋은 걸까?

Q 아이들이 '늘 안 좋은 것이다'라고 대답하면 다시 질문하기

남들과 다른 것은 왜 늘 안 좋은 것일까?

A 아이들이 할 수 있는 답변

친구들 무리에 섞일 수 없어요.

친구들과 같은 무리라는 소속감을 느낄 수 없어요.

사람들이 남들과 다른 나를 보고 놀릴 것 같아요.

반대 의견 남들과 다른 것은 늘 안 좋다고 했는데, 이야기를 읽어보면 꼭 그렇지도 않아. 메이지는 남들보다 더 많이 먹고, 야구방망이로 공도 칠 수도 있고, 춤도 출 수 있잖아. 이런 특징이라면 남들과 다른 게 오히려 좋지 않을까? 모든 사람이 똑같이 생기고, 똑같이 말하고, 똑같이 생각하고, 이름마저 똑같다면 이 세상은 어떻게 되겠니. 그렇게 똑같아지느니 남들과 다른 게 훨씬 낫지 않을까? 그런 면에서 누구와 비슷한 것보다 독특하고 남다른 게 훨씬 좋은 것 같아.

Q 아이들이 '좋을 때도 있고 안 좋을 때도 있다'라고 대답하면 다시 질문하기

남들과 다른 것은 왜 좋을 때도 있고 안 좋을 때도 있을까?

A 아이들이 할 수 있는 답변

- 남들이 못하는 걸 내가 할 수 있을 때는 좋아요. 메이지처럼 다른 양들은 못하는 춤을 출 수 있거나 야구방망이로 공을 칠 수 있으면 기분이 좋을 것 같아요.
- 나의 다른 점이 누군가를 해치는 도구로 사용되지 않으면 남들과 다른 건 좋은 일이에요.
- 남들과 다르다는 이유로 놀림거리가 되고 그게 나에게 상처가 된다면 결코 좋은 것은 아니라고 생각해요.

반대의견 내가 다르다는 이유로 친구들이 놀리거나 괴롭히면, 무시하거나 선생님께 말씀드리면 되지 않을까?

다른 친구는 모두 정답을 맞혔는데 나 혼자 틀렸다면 당연히 안 좋을 거예요. 예를 들어서, 남들은 다 맞춘 수학 문제를 혼자 틀렸거나 나 혼자만 선생님께 혼난다면 다르다는 게 좋은 건 아니죠.

····· 토론 활동 요약하기 ·····

첫째, 지금까지 논의한 문제를 다시 한 번 언급한다. 남들과 다른 게 좋은 것인지에 대해 이야기해보았다.

둘째, 아이들의 답변을 요약한다. 답변 내용은 크게 다음 세 가지이다.

- 남들과 다르다는 건 늘 좋은 것이다. 다른 사람과 뚜렷하게 구별된다.
- 남들과 다르다는 건 늘 안 좋은 것이다. 놀림을 받을 수도 있다.
- 남들과 다르다는 건 좋기도 하고 안 좋기도 하다. 남들보다 뛰어날 때는 좋다.

····· 후속 활동하기 ·····

아이들이 직접 그림을 그려본다. 한 장에는 남들과 달라서 좋은 상황을 표현해보고, 다른 한 장에는 남들과 달라서 안 좋은 상황을 묘사해본다. 그리고 두 가지 상황이 어떻게 다른지 친구들에게 설명한다.

철학적 주제

처음 만난 친구와
반드시 친구가 되어야 할까?

목표

내가 속한 무리에 다른 친구를
반드시 끼워주어야 하는지 이야기해본다.

준비물

큰 곰 인형 1개와 작은 곰 인형 여러 개

테디는 이사 온 지 얼마 되지 않았어요. 그래서 학교도 전학을 해야 했지요.

처음으로 등교해야 하는 날, 테디는 아침부터 두근두근 설레기도 하고 조금 떨리기도 했어요. 하지만 마음을 가라앉히고 학교로 갔지요. 교무실에서 선생님과 인사를 나누고 선생님과 함께 교실에 들어갔어요. 친구들 모두 삼삼오오 모여 무언가를 하고 있었어요. 글씨를 쓰는 친구도 있고, 그림을 그리는 친구, 함께 모여 앉아 수다를 떠는 친구들도 있었어요. 테디는 자리에 앉아 친구들을 둘러보다가 블록 놀이를 하는 친구 두 명에게 다가가 물었어요. "안녕, 같이 놀아도 되니?" 친구들은 테디를 바라보고는 단호하게 말했어요. "안 돼!"

질문하기

두 친구는 함께 놀자는 테디의 제안을 왜 거절했을까?

아이들이 할 수 있는 답변

- 함께 놀 수 있는 공간이 부족했기 때문이에요.
- 셋이서 같이 놀 만큼 블록이 많지 않았던 것 같아요.

✎ 새로 전학 온 테디가 낯설고 불편했기 때문에 거절한 것 같아요.

✎ 두 친구들이 원래 차갑고 불친절한 아이들이 아니었을 거예요.

이야기 속으로

블록 놀이를 할 수 없게 된 테디는 교실 이곳저곳을 돌아다녔어요. 그러다가 장난감 집에서 놀고 있는 다른 두 친구를 발견했지요. 테디는 잠시 망설였어요. 또 거절당하면 어쩌나 걱정스러웠거든요. '아니야, 저 친구들은 나랑 놀아줄 거야.' 테디는 이렇게 생각하며 장난감 집 대문을 똑똑 두드렸어요. 친구 한 명이 문을 열자 테디가 물었어요. "나도 함께 놀아도 되니?" 그러자 친구가 환하게 웃으며 대답했어요. "물론이지. 어서 들어와. 새로 전학 왔니?" 테디는 너무 신이 나서 큰 소리로 대답했어요. "응, 오늘이 첫 등교일이야."

Q 질문하기

함께 놀자는 테디의 제안을 두 친구는 왜 받아들였을까?

A 아이들이 할 수 있는 답변

- 놀이를 계속하려면 새로운 친구가 필요했기 때문이에요.
- 테디가 좋아서 그랬을 거예요.
- 아무도 테디와 놀아주지 않으니까 테디가 불쌍해 보였던 것 같아요.
- 두 친구가 원래 다정하고 친절한 아이들이었을 거예요.

Q 질문하기

블록 놀이를 하고 있던 두 친구는 테디를 무리에 끼워주지 않았고, 장난감 집에서 놀고 있던 두 친구는 테디랑 같이 놀자고 했어. 너희들은 내가 속한 무리에 다른 친구를 반드시 끼워주어야 한다고 생각하니?

Q 아이들이 '그렇다'라고 대답하면 다시 질문하기

왜 반드시 끼워주어야 한다고 생각해?

A 아이들이 할 수 있는 답변

✎ 그렇게 하면 모두가 행복해질 수 있으니까요.

✎ 그렇게 하면 새로운 친구가 속상하지 않을 거예요.

반대 의견 새로운 친구를 받아들이는 바람에 무리에 속해 있던 다른 친구가 속상하면 어쩌지? 이런 경우에는 새로운 친구를 거절해야 하지 않을까?

✎ 다른 사람에게 친절하게 대해야 하니까요.

반대 의견 다른 사람에게 친절해야 한다는 이유로 새로운 친구를 무리에 받아들였다고 해보자. 그런데 그 새로운 친구가 무리에 속해 있는 다른 친구들에게 못되게 굴면 어떻게 하지?

Q 아이들이 '아니다'라고 대답하면 다시 질문하기

왜 반드시 끼워줄 필요는 없다고 생각해?

A 아이들이 할 수 있는 답변

✎ 다른 친구들에게 못되게 구는 친구라면 절대 끼워주면 안 돼요.

반대 의견 내가 무리에 끼워주면 그 친구가 못된 행동을 하지 않을 수도 있잖아.

✎ 내가 싫어하는 친구는 끼워주지 않아도 돼요.

반대 의견 나를 좋아하는 친구가 아무도 없다고 가정해보자. 그런 상황에서 내가 싫다는 이유로 나를 무리에 끼워주지 않는 게 정당하다고 생각하니?

무리에 이미 사람이 너무 많아서 친구를 더 이상 받아들일 수 없는 상황이라면 굳이 끼워줄 필요는 없어요.

다 같이 갖고 놀 장난감이 부족하다면 굳이 끼워주지 않아도 돼요.

····· 토론 활동 요약하기 ·····

첫째, 지금까지 논의한 문제를 다시 한 번 언급한다. 내가 속한 무리에 다른 친구를 반드시 끼워주어야 하는지에 대해 이야기해보았다.

둘째, 아이들의 답변을 요약한다. 답변 내용은 크게 다음 두 가지이다.

- 내가 속한 무리에 다른 친구를 반드시 끼워주어야 한다. 다른 사람을 친절하게 대해야 하기 때문이다.
- 함께 놀 공간이 부족하거나 무리에 이미 사람이 많은 등 타당한 이유가 있다면 굳이 끼워주지 않아도 된다.

4장

도덕

좋은 행동과 나쁜 행동의 기준은 뭘까?

철학적 주제

친절하다는 것은 무엇일까?
우리는 항상 친절해야 할까?

목표

친절하다는 것이 무엇인지,
우리는 항상 다른 사람에게 친절해야 하는지
이야기해본다.

준비물

기록용 칠판

이야기 속으로

샘과 엄마가 이야기를 나누고 있었어요. 학교생활, 친구 이야기 등 많은 이야기를 나누다가 엄마가 샘에게 물었지요. "그런데 샘, 오늘 계획은 뭐야?" 샘이 눈을 반짝반짝 빛내며 대답했어요. "제가 어제 곰곰이 생각하다가 정한 건데요. 오늘은 친절하게 행동하는 날이에요. 오늘만큼은 모두에게 친절할 거예요." 엄마가 재미있다는 표정으로 활짝 웃으며 칭찬했어요. "정말 좋은 생각이야, 샘. 자, 그럼 어떤 일부터 할 거니?"

활동하기

샘이 할 수 있는 친절한 행동에는 어떤 것이 있는지 이야기해본다. 아이들의 답변을 칠판에 기록한다.

질문하기

왜 이런 것들이 친절한 행동일까?

아이들이 할 수 있는 답변

- 샘은 다른 사람을 돌봐주었어요.
- 샘은 자신이 가진 것을 다른 사람과 나누어 썼어요.
- 샘은 자신이 가진 것을 다른 사람에게 주었어요.
- 샘은 다른 사람을 돕고 있어요.

  반대 의견 샘이 다른 사람을 돌봐주고, 자신의 것을 다른 사람과 나누거나 그 사람에게 주고, 다른 사람을 돕는 일이 대가를 바라고 하는 행동이라면 어떨까? 누군가의 칭찬을 받거나 보상을 받기 위해 의식적으로 한 행동이라면? 그런데도 샘을 친절하다고 할 수 있을까?

- 샘은 아무런 대가를 바라지 않고 다른 사람을 도와요.

Q 질문하기

그렇다면 우리는 항상 다른 사람에게 친절해야 할까?

Q 아이들이 '그렇다'라고 대답하면 다시 질문하기

우리는 왜 항상 친절해야 할까?

A 아이들이 할 수 있는 답변

- 내가 먼저 친절하게 대해야 상대방도 친절하게 대할 테니까요.

  반대 의견 상대방의 친절을 바라는 마음으로 친절을 베푼다면 그건 진정한 친절이라고 할 수 없어.

- 친절을 베풀면 다른 사람이 행복해져요.
- 친절하게 행동하는 것이 옳은 일이니까요.
- 어른들은 항상 다른 사람에게 친절하라고 말씀하시잖아요.

  반대 의견 상대방이 나에게 못되게 굴어도 나는 그 사람을 늘 친절하게 대해야 할까?

Q 아이들이 '아니다'라고 대답하면 다시 질문하기

왜 항상 친절할 필요는 없을까?

A 아이들이 할 수 있는 답변

- 상대방이 나에게 친절하게 굴지 않는다면 나도 친절하게 대할 필요가 없어요.
- 아주 나쁜 일을 저지른 사람에게는 친절을 베풀 필요가 없어요.
- 때로는 내가 베푸는 친절로 내가 정말 하고 싶은 걸 못하게 될 수도 있어요.

  반대의견 그건 너무 이기적인 생각 아닐까?

····· 토론 활동 요약하기 ·····

첫째, 지금까지 논의한 문제를 다시 한 번 언급한다. 친절하다는 것이 무엇인지, 우리는 항상 다른 사람에게 친절해야 하는지 이야기해보았다.

둘째, 아이들의 답변을 요약한다. 답변 내용은 주제별로 각각 두 가지이다.

- 친절한 것은 무엇일까?

  다른 사람을 돕는 것이다.

  아무런 대가를 바라지 않고 다른 사람을 돕는 것이다.

- 우리는 항상 다른 사람에게 친절해야 할까?

  항상 친절해야 한다. 상대방이 내 친절로 행복해진다.

항상 친절할 필요는 없다. 나쁜 행동을 했거나 내게 못되게 군 사람에게까지 친절을 베풀 필요는 없다.

····· 후속 활동하기 ·····

둘씩 짝을 지어 친절하다고 생각하는 행동 네 가지, 불친절하다고 생각하는 행동 한 가지를 적어본다. 다른 친구들 앞에서 발표하고 불친절한 행동 한 가지를 맞춰보도록 유도한다.

철학적 주제

진실하다는 것은 무엇일까?

목표

늘 진실만을 말해야 하는지 이야기해본다.

준비물

커스티, 엄마, 할머니(인형이나 그림, 혹은 종이인형)
할머니가 만들어주신 커스티의 모자 모형

이야기 속으로

엄마가 커스티를 큰 소리로 불렀어요. "커스티, 커스티!" 커스티는 어리둥절한 표정으로 엄마에게 다가갔어요. "커스티, 너 뒷문 앞에 놓아두었던 장난감 다 치웠니?" 커스티는 어깨를 으쓱하며 대답했어요. "당연하죠. 아까 치웠어요, 엄마." 하지만 이건 거짓말이었어요. 커스티는 게임을 하고 노느라 그때까지 장난감을 치우지 않았지요.

아무것도 모르는 엄마는 커스티의 머리를 쓰다듬어 주었어요. "잘했네, 우리 딸." 엄마는 환하게 웃으며 커스티에게 말했어요. "우리 딸이 장난감을 모두 치웠으니 엄마가 책 읽어줄게." 커스티와 엄마는 나란히 소파에 앉았어요. 엄마는 책을 읽기 시작했어요. 그런데 바로 그때, 툭툭 빗방울이 떨어지기 시작했어요. "이런, 갑자기 비가 오네. 밖에 빨래 널어놨는데 빨리 가서 걷어야겠다. 이러다 다 젖겠어!" 엄마는 황급히 일어나 주방을 지나 뒷문을 열었어요. 그리고 곧이어 꽈당! 뒷문 앞에 어지럽게 놓여 있던 커스티의 인형과 장난감을 밟고 엄마가 넘어지고 말았지요. 그 사고로 엄마는 발목을 삐었답니다.

난 거짓말을 한 게 아니라
상대방의 기분을 생각해서 진실을
말하지 않은 것뿐이라고!

질문하기

커스티는 엄마에게 사실대로 말했야 했을까? 왜 그렇게 생각하는지 이유를 들어 이야기해보자.

이야기 속으로

커스티는 아침부터 기분 좋은 소식을 들었어요. 커스티가 세상에서 제일 사랑하는 할머니가 오신다지 뭐예요! 커스티는 할머니와 함께하는 시간이 너무 좋았어요. 언제쯤 오실까 시계를 열 번쯤 들여다보았을 때, 드디어 할머니가 초인종을 누르셨어요.

할머니와 커스티는 서로를 꼬옥 껴안으며 인사를 나누었어요. "할머니, 잘 지내셨어요?" 할머니는 커스티의 머리를 쓰다듬으며 대답했어요. "물론이지, 커스티." "할머니가 오시니 너무 좋아요!" "할머니도 우리 손녀를 만나니 너무 행복하구나. 할머니가 너를 위해 선물도 준비했는데, 보겠니?" 커스티는 너무 신이 나서 할머니를 다시 한 번 꼬옥 껴안았어요.

할머니의 선물은 할머니가 직접 만든 모자였어요. "너를 위해 특별히 만들었단다." 할머니는 살며시 미소를 지으며 말씀하셨어요. 하지만 커스티는 할머니께 무슨 말을 해야 할지 난감했어요. 모자가 하나도 마음에 들지 않았거든요. '정말 최악이야. 마음에 드는 구석이 하나도 없는 모자야. 할머니는 왜 이런 모자를

만드신 거지? 이 모자는 절대 쓰지 않을 거야.'

하지만 커스티는 실망스런 표정을 숨기고 활짝 웃으며 말했어요. "할머니, 정말 너무 예뻐요. 너무너무 맘에 들어요. 학교 갈 때 꼭 쓰고 갈게요." 할머니는 커스티의 말에 감동을 받은 듯 고개를 끄덕이며 말씀하셨어요. "맘에 든다니 정말 기쁘구나, 커스티. 너한테 어울릴 만한 색상과 천을 찾느라 얼마나 고생했는지 몰라."

Q 질문하기

커스티는 할머니에게 진실을 말해야 했을까? 왜 그렇게 생각하는지 이유를 들어 이야기해보자.

Q 질문하기

엄마에게는 진실을 말했어야 하지만, 할머니에게는 굳이 그럴 필요가 없다면 왜 그렇게 생각하는지 이야기해보자.

Q 질문하기

우리는 항상 진실만을 말해야 할까?

Q 아이들이 '그렇다'라고 대답하면 다시 질문하기

왜 항상 진실만을 말해야 할까?

A 아이들이 할 수 있는 답변

- 진실을 말하지 않는 건 옳지 않은 행동이니까요.
- 진실을 말하지 않으면 죄책감을 느낄 수 있어요.
- 부모님이 항상 진실만을 말하라고 말씀하셨거든요.
- 진실을 말하지 않으면 곤란한 상황이 생길 수 있어요.

  반대 의견 내가 진실을 말하지 않는다는 사실을 아무도 모른다면 곤란한 상황은 생기지 않을 거야. 이런 경우라면 진실을 말하지 않아도 된다고 생각하니?
- 진실을 말하지 않으면 다른 사람에게 피해를 줄 수 있어요.

  반대 의견 때로는 진실을 말함으로써 다른 사람에게 피해를 주는 경우도 있어. 만약에 커스티가 할머니에게 진실을 말했다면 할머니 기분은 엉망이 되었을 거야.

Q 아이들이 '아니다'라고 대답하면 다시 질문하기

왜 항상 진실을 말할 필요가 없다고 생각해?

A 아이들이 할 수 있는 답변

- 진실을 말해서 내가 원하는 것을 얻지 못한다면 굳이 말할 필요가 없다고 생각해요. 커스티가 엄마에게 진실을 말하지 않은 이유도 엄마가 책을 읽어주길 바랐기 때문이었을 거예요.

  반대의견 진실을 말하지 않는 건 정직하지 못한 거잖아. 만약 다른 사람이 너희에게 진실을 말하지 않는다면 너희들 기분은 어떨까?

- 진실을 말해서 다른 사람이 피해를 입는다면 진실을 말해서는 안 된다고 생각해요.

- 진실을 말하지 않아서 상대방이 더 행복하다면 굳이 말하지 않는 게 좋다고 생각해요.

  반대의견 상대방이 자신의 행복한 감정보다 진실을 더 원한다면 어떻게 해야 할까?

- 누군가 진실을 말하지 말라고 부탁한 상황이라면 진실을 말해서는 안 돼요.

  반대의견 어떤 사람이 잘못된 일을 저질러 놓고 그 사실을 숨기기 위해 그런 부탁을 했다면 어떻게 해야 할까?

····· 토론 활동 요약하기 ·····

첫째, 지금까지 논의한 문제를 다시 한 번 언급한다. 늘 진실만을 말해야 하는지 이야기해보았다.

둘째, 아이들의 답변을 요약한다. 답변 내용은 주제별로 크게 다음 두 가지이다.

- 늘 진실만을 말해야 한다.
- 다른 사람의 기분을 상하게 하고 싶지 않은 경우처럼 때로는 진실을 말하지 않는 것이 옳다.

•••••• 후속 활동하기 ••••••

커스티가 좋아했을 만한 모자를 그려본다. 아이들이 그린 모자를 할머니가 만들어 오셨다면 커스티는 진실을 말할 수 있었을까? 커스티는 과연 뭐라고 말했을지 이야기해본다.

고맙다는 말은 늘 해야 할까?

철학적 주제

마음을 표현해야 하는 이유
고맙다는 말을 왜 해야 할까?

목표

고맙다는 말을 언제,
왜 해야 하는지 이야기해본다.

준비물

기록용 칠판

마법사는 선반 위에서 마법 책을 집어 들었어요. 그러고는 이렇게 중얼거렸지요. "흠, 오늘은 무슨 마법을 부려볼까?"

책을 뒤적이던 마법사는 마법의 말에 관한 주문을 찾았어요. "좋아, 이제 어떤 마법의 말을 사용할지만 결정하면 되겠군. 오늘은 '고마워'라는 말이 좋겠어." 마법사는 주문을 외우며 각종 병에서 마법의 가루를 한 숟가락씩 덜어냈어요. 그러고는 그 가루를 마법 항아리에 넣고 한데 섞었지요. "자, 이제 이 약을 OO 초등학교로 가져가서 모든 교실에 뿌려야겠군. 그럼 아이들은 고맙다는 말을 저절로 하게 될 거야." 마법사는 신이 났어요. 자신의 마법으로 아이들이 '고맙다'는 말을 저절로 하게 된다면 세상이 얼마나 아름다워질까 상상하며 마법의 항아리를 들고 OO초등학교로 날아갔지요.

학교에 도착한 마법사는 교실마다 마법 가루를 뿌렸어요. 하나도 빠짐없이 마법 가루를 뿌린 마법사는 가만히 앉아 아이들을 지켜보았어요. 이 마법 가루는 정말 효과가 좋았어요. 아이들은 하루 종일 고맙다는 말을 입에 달고 살았지요. 그 모습을 본 마법사는 너무나 행복했답니다.

이 마법 가루를 교실에 뿌리면
아이들이 '고맙다'는 말을 저절로
할 수 있게 될 거야.

Q 활동하기

아이들에게 언제 고맙다는 말을 해야 하는지 물어본 뒤 그 내용을 칠판에 기록한다.

Q 질문하기

고맙다는 말은 늘 해야 할까? 아니면 전혀 할 필요가 없을까? 아니면 때때로 해야 할까?

Q 아이들이 '늘 해야 한다'라고 대답하면 반대 의견을 이용해 다시 질문하기

- 상대방이 내게 아무것도 준 게 없는데도 고맙다는 말을 해야 할까?
- 상대방이 나의 부탁을 거절해도 고맙다는 말을 해야 할까?

Q 아이들이 '전혀 할 필요가 없다'라고 대답하면 반대 의견을 이용해 다시 질문하기

상대방이 특별한 내 부탁을 들어준 상황이라도 고맙다는 말을 할 필요가 없을까?

Q 아이들이 '때때로 해야 한다'라고 대답하면 다시 질문하기

고맙다는 말은 언제 해야 할까?

A 아이들이 할 수 있는 답변

- 상대방이 내게 무언가를 주었을 때 하면 좋을 것 같아요.

  반대 의견 상대방이 나를 때려서 멍들게 하는 등 괴롭힌다 해도 고맙다고 해야 할까?

- 상대방이 내게 무언가를 주고 아주 친절히 대해 주었을 때 말해요.

- 상대방이 내게 끊임없이 무언가를 준다고 해도 고맙다는 말은 한 번만 하면 돼요. 줄 때마다 할 필요는 없다고 생각해요.

Q 질문하기

고맙다는 말은 왜 해야 할까?

A 아이들이 할 수 있는 답변

- 고맙다는 말을 하지 않으면 내가 원하는 걸 얻지 못할 테니까요.

  반대 의견 고맙다는 말을 하지 않아도 내가 원하는 걸 얻을 수 있다면 굳이 고맙다는 말을 하지 않아도 될까?

- 고마운 상황에서 고맙다는 말을 하지 않으면 상대방이 서운해할 거예요.
- 엄마는 늘 사람들한테 고맙다고 인사하라고 말씀하셨어요.
- 고맙다는 말을 하면 내가 멋진 사람으로 보여요.
- 고맙다는 말은 상대방에 대한 예의와 존중의 표시니까 해야 해요.
- 고마운 상황에서 인사를 하지 않는 건 잘못된 행동이에요.

  이어서 질문하기 왜 잘못된 행동일까?

····· 토론 활동 요약하기 ·····

첫째, 지금까지 논의한 문제를 다시 한 번 언급한다. 고맙다는 말을 언제, 왜 해야 하는지 이야기해보았다.

둘째, 아이들의 답변을 요약한다. 답변 내용은 주제별로 각각 두 가지이다.

- 언제 고맙다는 말을 해야 할까?

  고맙다는 말은 항상 해야 한다.

  고맙다는 말은 전혀 할 필요가 없다.

  고맙다는 말은 때때로 해야 한다.

- 왜 고맙다는 말을 해야 할까?

고맙다는 말을 하면 내가 원하는 걸 얻을 가능성이 크다(개인적인 욕심을 채우기 위한 목적).

고맙다는 말은 상대방에 대한 예의와 존중을 나타낸다(도덕적인 목적).

엄마가 고맙다는 말을 늘 하라고 말씀하셨다(권위에 순종하는 목적).

····· 후속 활동하기 ·····

배지를 만들 재료(판지, 안전 핀, 스티커 라벨)를 준비한다. 아이들이 마법의 말, 즉 고맙다는 말을 했을 때만 배지 만들 재료를 전달한다. 그리고 재료를 이용해 '나는 철학자입니다'라고 쓰인 배지를 만든다.

친구에게 선물을 받으면 나도 선물을 해야 하나?

철학적 주제

친구에게 받은 만큼 돌려줘야 할까?

목표

상대에게 선물을 받고 주지는 않는 것이
옳은 일인지 논의해본다.

준비물

빈 상자를 포장한 선물꾸러미 6개
스크루지와 톰과 바비를 상징하는 곰 인형 3개

이야기 속으로

스크루지와 톰과 바비는 친구들에게 줄 선물을 두 개씩 가지고 왔어요. 바비가 먼저 하나는 톰에게, 다른 하나는 스크루지에게 주었어요. 톰도 바비와 스크루지에게 각각 선물을 하나씩 건넸지요. 이제 스크루지만 남았어요. 그런데 이게 무슨 일이죠? 스크루지가 친구들에게 선물을 주지 않겠다고 하는 거예요. 그러고는 이렇게 말했어요. "내가 가져온 선물은 그냥 내가 가질래. 이거 정말 좋은 거거든." 톰과 바비는 황당했어요. "스크루지, 그게 무슨 소리야? 우리는 너한테 선물을 줬잖아." 바비가 뾰로통한 목소리로 말했어요. 그러자 스크루지는 이렇게 맞섰어요. "너희들, 나한테 되받으려고 선물을 준 거야? 그럼 그건 진정한 선물이 아니야."

Q 질문하기

스크루지가 친구들에게 줄 선물을 자신이 갖겠다고 말한 건 옳은 행동일까?

Q 아이들이 '그렇다'라고 대답하면 다시 질문하기

스크루지가 친구들에게 줄 선물을 자신이 갖겠다고 말한 게 왜 옳은 행동일까?

A 아이들이 할 수 있는 답변

- 스크루지가 선물을 좋아하니까 가져도 돼요.
- 친구들에게 선물을 주기 싫으면 굳이 줄 필요가 없어요.

  반대 의견 하지만 우리는 때로 원하지 않는 일도 해야 해. 예를 들어서 방 정리 같은 것 말이야.

- 스크루지가 말한 것처럼 선물은 대가를 바라지 않고 순수한 마음으로 주는 거예요. 뭔가를 되돌려 받기 위해 주는 게 아니에요.
- 선물을 받았다고 해서 반드시 돌려줄 필요는 없어요.

  반대 의견 스크루지는 두 번이나 친구들한테 선물을 받았는데, 자신은 단 한 개도 선물하지 않는다면 그건 너무 이기적인 행동 아닐까?

Q 아이들이 '아니다'라고 대답하면 다시 질문하기

스크루지가 친구들에게 줄 선물을 자신이 갖겠다고 말한 건 왜 옳은 행동이 아닐까?

A 아이들이 할 수 있는 답변

- 선물을 한 개 받았으면 나도 한 개를 줘야 해요.

  반대의견 친구 생일파티에 갈 때를 생각해보자. 우리는 친구에게 줄 선물을 가져가지만 나도 선물을 받을 거라고 기대하지는 않잖아.

- 스크루지는 이기적이고 감사할 줄 모르는 데다 욕심이 많아요.

- 스크루지는 톰과 바비의 친구가 아니에요. 친구는 서로 아끼고 보살피는 관계인데 스크루지는 친구들을 전혀 신경 쓰지 않잖아요.

····· 토론 활동 요약하기 ·····

첫째, 지금까지 논의한 문제를 다시 한 번 언급한다. 스크루지가 친구들에게 줄 선물을 자신이 갖겠다고 선언한 건 옳은 행동인지 이야기해보았다.

둘째, 아이들의 답변 내용은 크게 다음 두 가지이다.

- 선물을 받았다고 해서 나도 반드시 줄 필요는 없다. 대가를

바라고 주는 선물은 진정한 선물이 아니기 때문이다.

• 선물을 받고도 보답하지 않는 건 잘못된 행동이다. 보답하지 않는 건 내 욕심만 챙기는 이기적이고 감사할 줄 모르는 태도이다.

······ 후속 활동하기 ······

몇 명씩 팀을 짜서 선물을 줄 때 보답을 바라지 않는 경우, 그리고 보답이 돌아오지 않으면 속상한 경우를 나누어 자신의 생각을 적어본다. 이 둘의 차이에 대해 이야기해본다.

내 행복을 위해서 행동하는 게 이기적인 걸까?

철학적 주제

나만의 행복 vs. 모두의 행복
이기적인 행복은 잘못된 것일까?

목표

이기심의 의미,
그리고 이기적인 행동이
잘못된 것인지에 대해 이야기해본다.

준비물

빈 상자를 포장한 선물꾸러미 6개
하마 해리와 하마 친구들(인형이나 그림, 혹은 종이인형)

이야기 속으로

어느 더운 여름날, 하마 해리는 연못에서 더위를 식히고 있었어요. 잠시 후 하마 친구들이 연못가로 다가왔지요. 하마 친구들도 연못에서 물놀이를 하며 더위를 피하고 싶었거든요. 그런데 웬일일까요? 친구들이 다가오는 모습을 본 해리가 크게 소리쳤어요. "얘들아, 너희는 여기 못 들어와! 나 하나 들어와 있기도 비좁거든." 그러자 한 친구가 대답했어요. "내가 보기에 자리는 충분해. 하지만 우린 그냥 다른 곳으로 갈게. 여긴 너 혼자 써."

얼마 후, 심심해진 해리는 친구들을 찾아 나섰어요. 가는 도중에 원숭이 한 마리를 만났지요. 원숭이는 쓰러진 나무 아래로 손이 껴서 오도 가도 못하는 처지였어요. "해리, 이 나무 좀 치워 줄래?" 원숭이가 낑낑대며 물었어요. "안 돼. 나무를 옮기다가 내가 다칠지도 몰라." 해리는 원숭이의 부탁을 거절한 채 걸음을 재촉했어요. 그리고 마침내 친구들을 찾았지요. 친구들은 모여 앉아 간식을 먹고 있었어요. "얘들아, 나도 좀 줄래?" 해리가 친구들을 바라보며 조심스럽게 물었어요. 그러자 친구들이 흔쾌히 대답했어요. "좋아, 같이 먹자." 말이 떨어지기가 무섭게 해리는 음식을 허겁지겁 먹어치웠어요. 다른 친구들이 하나 먹을 때 해리는 세 개를 먹었지요. 보다 못해 화가 난 친구 하마가 이렇게 말했어요. "해리, 우리가 먹을 것도 남겨놔야지!" 그러자

싫어, 다 내 거야!
연못도 나 혼자 쓸 거고,
간식도 내가 다 먹을 거야!

해리도 친구에게 맞섰어요. “아니, 싫어! 내가 다 먹을 거야!” 친구들은 아랑곳하지 않고 음식을 다 먹어치운 해리는 유유히 자리를 떠났답니다.

Q 질문하기

해리는 어떤 면에서 이기적이라고 생각해?

A 아이들이 할 수 있는 답변

- 연못을 혼자서 독차지한 채 다른 하마들은 들어오지 못하게 했어요.
- 자기 몸이 다칠까 봐 어려움에 처한 원숭이를 도와주지 않았어요.
- 친구들의 음식을 혼자서 먹어버렸어요.

Q 질문하기

‘이기적’이라는 말의 의미에 대해 이야기해볼까?

A 아이들이 할 수 있는 답변

- 내가 가진 것을 을 나누지 않을 때를 이기적이라고 해요.
- 다른 사람을 돕지 않는 게 이기적이에요.

반대 의견 대가를 바라고 남을 돕거나 내가 가진 것을 나눈다고 생각해 보자. 이것은 이기적인 행동이 아닐까?

- 내게 이익이 되지 않으면 남을 돕지도 않고, 내가 가진 것을 나누지도 않을 때를 이기적이라고 해요.
- 나 자신만 생각하고 다른 사람을 전혀 신경 쓰지 않을 때를 이기적이라고 해요.

Q 질문하기

이기적인 것은 잘못된 것이라고 생각하니?

Q 아이들이 '그렇다'라고 대답하면 다시 질문하기

이기적인 것은 왜 잘못된 것일까?

A 아이들이 할 수 있는 답변

- 모든 사람을 귀하게 여겨야 하기 때문이에요.
- 이기적으로 행동하면 좋은 사람이 될 수 없으니까요.
- 다른 사람을 도우면 기쁨을 느낄 수 있잖아요.
- 이기적으로 행동하면 내가 도움이 필요할 때 아무도 나를 돕지 않을

테니까요.

반대의견 내가 도움을 받기 위해 남을 돕는 거라면 그것도 이기적인 행동이 아닐까?

이기적으로 행동하면 친구가 한 명도 생기지 않을 거예요.

Q 아이들이 '아니다'라고 대답하면 다시 질문하기

이기적인 것은 왜 잘못된 것이 아닐까?

A 아이들이 할 수 있는 답변

때로는 나 자신을 먼저 생각해야 할 때도 있어요. 그렇게 해야만 내게 중요한 것을 얻을 수 있기 때문이죠.

반대의견 물론 나 자신에게 중요한 것이 있을 수 있어. 하지만 예를 들어서 좋아하는 텔레비전 프로그램을 보는 것이 그토록 중요한 일일까?

혼자만 알고 절대 공유해선 안 되는 것도 있으니까요. 수학 시험 답안지는 친구에게 보여주면 안 되잖아요.

다른 사람들도 이기적으로 행동하는데 굳이 나만 이기적이지 않을 이유가 있나요?

반대의견 다른 사람의 잘못된 행동을 굳이 나까지 따라할 필요는 없잖아.

····· 토론 활동 요약하기 ·····

첫째, 지금까지 논의한 문제를 다시 한 번 언급한다. 이기심의 의미, 그리고 이기적인 행동이 잘못된 것인지에 대해 이야기해 보았다.

둘째, 아이들의 답변을 요약한다. 답변 내용은 주제별로 각각 두 가지이다.

- 이기심의 의미

  내게 득에 없으면 다른 사람을 돕지도, 내가 가진 것을 나누지도 않는 태도.

  나 외에 주변 사람은 전혀 신경 쓰지 않는 태도.

- 이기적인 행동이 잘못된 것일까?

  모든 사람은 귀한 존재이므로 잘못된 행동이다.

  내게 중요한 무언가를 얻기 위해 이기적으로 행동할 수밖에 없다면 잘못된 행동이 아니다.

····· 후속 활동하기 ·····

둘씩 짝을 지어 누군가 이기적으로 행동하는 상황과 그 결과에 대해 한 장의 그림이나 4컷짜리 짧은 만화를 그려본다. 팀별로 모여 각자 그린 그림과 만화에 대해 이야기해본다.

게으른 행동이 잘못된 건 아니다

철학적 주제

게으름은 어떤 상황에서 나쁜 행동일까?

목표

게으름으로 인해 손해를 보거나
남에게 해를 끼치는 경우,
그것이 잘못된 행동인지 이야기해 본다.

준비물

애벌레 샬럿과 개구리 펠리시티
(인형이나 그림, 혹은 종이인형)

이야기 속으로

게으른 애벌레 샬럿은 풀밭 한쪽 돌 위에 누워 있었어요. 따뜻한 햇살이 내리쬐자 이내 졸음이 밀려왔지요. 배도 슬슬 고팠지만 먹을 것을 찾아 나서는 게 영 귀찮았어요. 나뭇잎 먹이를 구하려면 채소밭까지 가야 하거든요. 시간이 지날수록 샬럿은 점점 더 배가 고파졌어요. 하지만 여전히 몸을 움직이기는 싫었지요. '다 귀찮아. 그냥 누워만 있고 싶어.'

그렇지만 얼마 뒤, 샬럿은 참을 수 없을 만큼 배가 고팠어요. 그래서 어쩔 수 없이 몸을 일으켜 먹잇감을 찾아 나섰지요. 하지만 너무 게으름을 부린 탓에 사방은 온통 깜깜했어요. 어느새 밤이 되어버린 것이지요. 채소밭으로 갈 수조차 없을 정도로 칠흑 같은 어둠이었어요. 결국 샬럿을 밤새도록 배고픔과 추위에 떨어야 했답니다.

Q 질문하기

샬럿의 게으른 행동이 잘못됐다고 생각하니?

Q 아이들이 '그렇다'라고 대답하면 다시 질문하기

샬럿의 게으른 행동이 왜 잘못됐다고 생각해?

다 귀찮아.
너무 졸리고 쉬고만 싶어.

A 아이들이 할 수 있는 답변

- 게으르게 행동하면 원하는 어떤 것도 손에 넣을 수 없어요.
- 게으르게 굴어서 배고픔과 추위에 떨었잖아요.

  반대 의견 만약 눈싸움을 하며 놀다가 배고픔을 느꼈고 감기에 걸렸다면, 이것도 잘못된 행동일까?

Q 아이들이 '아니다'라고 대답하면 다시 질문하기

샬럿의 게으른 행동이 왜 잘못된 게 아니라고 생각하니?

A 아이들이 할 수 있는 답변

- 때로는 아무것도 안 하고 쉬는 시간도 필요해요.
- 졸려서 움직이지 않는 걸 게으르다고 할 수는 없어요.

  반대 의견 항상 졸려서 아무것도 못한다고 한다면 그건 게으르다고 할 수 있지 않을까?

이야기 속으로

다음 날 샬럿은 풀밭 아래 연못가로 내려갔어요. 그리고 그곳에서 개구리 펠리시티를 만났어요. "펠리시티, 뭐하고 있니?" 샬럿이 물었어요. "응, 아이들 먹일 파리를 잡고 있어. 좀 도와줄래?" 펠리시티가 물었어요. 하지만 샬럿은 딱 잘라 거절했어요. "아니, 안 돼." 샬럿은 친구를 도와줄 만큼 부지런한 애벌레가 아니었거든요. 펠리시티는 할 수 없이 혼자서 하나둘 파리를 잡았지만 영 속도가 나지 않았어요. 배고픈 새끼 개구리들은 엄마의 마음도 모른 채 계속해서 울어대기만 했어요. 마음이 급해진 펠리시티가 다시 한 번 샬럿에게 부탁했어요. "샬럿, 부탁이야. 제발 나 좀 도와줘." 하지만 샬럿은 이번에도 고개를 설레설레 저으며 거절했어요. 샬럿은 그저 따뜻한 햇살 아래에 앉아 쉬고만 싶었어요. 얼마나 꿀처럼 달콤한 휴식인지 몰라요.

배고픈 새끼 개구리들은 울다 지쳤어요. 너무너무 배가 고팠지만 어쩔 수 없었지요. 엄마 펠리시티가 파리를 많이 잡아올 때까지 기다리는 수밖에 달리 방법이 없으니까요.

Q 질문하기

샬럿의 게으른 행동이 잘못됐다고 생각하니?

Q 아이들이 '그렇다'라고 대답하면 다시 질문하기

샬럿의 게으른 행동이 왜 잘못됐다고 생각하니?

A 아이들이 할 수 있는 답변

✎ 샬럿이 도움을 거절해서 새끼 개구리들이 배고픔에 시달려야 했어요.

✎ 펠리시티의 도움을 거절했어요. 누군가 내게 도움을 요청하면 반드시 들어주어야 해요.

반대 의견 누군가 연거푸 다섯 번을 내게 부탁했다면, 이 상황에서도 반드시 도와야 할까? 도둑질처럼 나쁜 행동을 같이하자는 부탁도 들어주어야 할까?

Q 질문하기

샬럿의 게으른 행동이 잘못됐다고 생각하니?

Q 아이들이 '아니다'라고 대답하면 다시 질문하기

샬럿의 게으른 행동이 왜 잘못된 게 아니라고 생각하니?

A 아이들이 할 수 있는 답변

✎ 게으름을 부리는 건 때로 즐거워요.

반대 의견 게으름을 떨치고 일어나 무언가를 하는 것도 즐거운 일이야. 그러니까 게으름은 잘못된 행동이 아닐까?

✎ 새끼 개구리를 먹이는 건 엄마 펠리시티의 몫이지 샬럿의 책임이 아니에요.

반대 의견 새끼 개구리들은 먹이가 필요했고, 샬럿은 펠리시티를 도울 수 있는 상황이었어.

✎ 샬럿은 따뜻한 햇살 아래에서 한가로운 시간을 보냈어요. 누군가에게 피해를 주는 것도 아니니 얼마든지 게으름을 부릴 수 있어요.

반대 의견 여러분이 햇살을 쬐고 있는 사이 친구가 높은 곳에서 떨어져 무릎을 다쳤다고 해보자. 그런데도 여러분이 휴식을 위해 친구를 돕지 않았다면, 이 경우도 잘못된 행동이 아닐까?

····· 토론 활동 요약하기 ·····

첫째, 지금까지 논의한 문제를 다시 한 번 언급한다. 게으름으로 인해 손해를 보거나 남에게 해를 끼치는 경우, 그것이 잘못된 행동인지 이야기해보았다.

둘째, 아이들의 답변을 요약한다. 답변 내용은 주제별로 각각 두 가지이다.

- 게으름으로 자신이 손해를 본 경우

  게으름 때문에 아무것도 얻지 못하므로 게으름은 잘못된 것이다.

  다른 사람에게 손해를 끼치지 않았으므로 게으름은 잘못된 것이 아니다.

- 게으름으로 다른 사람에게 손해를 끼친 경우

  게으름 때문에 다른 사람에게 손해를 끼쳤으므로 게으름은 잘못된 것이다.

  게으름을 피우는 건 때로 즐거운 일이므로 게으름은 잘못된 것이 아니다.

····· 후속 활동하기 ·····

둘씩 짝을 지어 한 명은 게으른 상황을 생각해보고, 나머지 한 명은 친구가 게으르게 행동해서는 안 되는 이유를 찾아본다. 역할을 바꿔서도 해본다.

····· 대체 활동하기 ·····

이야기 속 동물을 사람으로 바꿔 역할놀이를 해본다. 예를 들어, 샬럿은 집에 먹을 것이 떨어졌는데도 너무 게을러서 장을 보러가지 않았다. 그 탓에 하루 종일 굶어야 했다. 다음 날, 옆집에 사는 펠리시티는 샬럿에게 장보는 데 같이 가달라고 부탁했다. 아이들에게 먹일 음식이 필요했기 때문이다. 하지만 샬럿은 거절했다.

철학적 주제

음식 욕심을 부리는 건 나쁜 행동일까?

목표

음식 앞에서 욕심을 내는 게
늘 잘못된 것인지 이야기해본다.

준비물

토끼 바비와 바비의 주인 마크,
마크의 이웃사촌 몰리와 바바라
(인형이나 그림, 혹은 종이인형)

이야기 속으로

바비는 먹는 걸 정말 좋아하는 토끼예요. 그래서 늘 배가 고팠어요. 바비의 풀밭에는 언제라도 먹을 수 있는 각종 풀과 민들레잎이 가득했어요. 이뿐만이 아니었어요. 바비의 주인 마크는 매일 아침저녁으로 사료를 한 그릇씩 가득 담아 바비 앞에 놓아 주었어요. 바비가 늘 배고파했으니까요. 하지만 바비는 언제나 부족함을 느꼈어요. 그래서 아침을 먹고 난 후에는 매일매일 옆집 몰리네로 가서 당근을 먹었어요. 저녁을 먹고 나서는 어땠냐고요? 건너편 바바라네 집으로 가서 상추를 먹었지요. 그렇게 매일 아침저녁을 두 번씩 먹었어요.

이런 생활은 꽤 오랫동안 계속되었어요. 그러던 어느 날, 마크가 몰리와 이야기를 나누다가 바비가 매일 아침 몰리네에 와서 당근을 먹었다는 사실을 알게 되었어요. 저녁에는 바바라네서 상추를 먹었다는 사실도 알게 됐지요. "맙소사, 나는 그런 일이 있는 줄은 까맣게 모르고 있었어." 마크는 한숨을 쉬며 말했어요. 그러고는 몰리와 바바라에게 부탁했지요. "바비는 음식을 너무 많이 먹어. 저러다가는 큰일 날 거야. 그러니 앞으로는 바비에게 아무것도 주지 마. 바비는 아침과 저녁을 딱 한 번씩만 먹어야 해."

이 소식은 바비의 귀에도 들어갔어요. 바비는 너무 서운했지

나는 세상에서 먹는 게
제일 좋아. 아침 먹고 또 먹고,
저녁 먹고 또 먹고.

요. 더 이상 당근과 상추를 먹을 수 없다니, 슬픔이 물밀 듯이 밀려왔어요. 바비는 풀이 죽어 집 안에만 머무른 채 슬픈 표정으로 풀만 뜯어먹었답니다.

Q 질문하기

바비가 욕심이 너무 많다고 생각하니?

Q 아이들이 '그렇다'라고 대답하면 다시 질문하기

바비가 왜 욕심이 많다고 생각해?

A 아이들이 할 수 있는 답변

- 필요한 양보다 더 많은 음식을 먹었잖아요.
- 너무 많이 먹으면 뚱뚱해져요.
- 아침도 두 번, 저녁도 두 번이나 먹었으니까요.

Q 아이들이 '아니다'라고 대답하면 다시 질문하기

왜 바비가 욕심을 부린 게 아니라고 생각하니?

A 아이들이 할 수 있는 답변

- 바비는 배가 고팠을 뿐이에요.
- 음식을 먹고 싶어서 먹었으니 욕심을 부린 게 아니에요.
- 음식을 마음껏 먹을 수 있는 상황이었기 때문에 먹은 거예요.

Q 질문하기

욕심을 부리는 건 언제나 잘못된 것일까?

Q 아이들이 '그렇다'라고 대답하면 다시 질문하기

음식 앞에서 욕심을 부리는 건 왜 언제나 잘못된 일일까?

A 아이들이 할 수 있는 답변

- 너무 많은 음식을 먹게 돼요.

  반대 의견 배가 몹시 고파서 음식을 많이 먹은 것이어도 욕심을 부린 것이라고 생각해?

- 배가 아플 수도 있어요.

  반대 의견 감기에 걸려도 몸이 아파. 하지만 그건 내가 뭔가 잘못해서 병에 걸린 건 아니잖아.

살이 찌니까요.

반대의견 많이 먹어도 살이 안 찌는 사람도 있어. 그런 체질의 아이들이 많이 먹는 것도 욕심을 부리는 행동일까?

다른 사람이 먹을 수 있는 몫이 줄어들어요.

반대의견 친구의 생일파티에 갔다고 생각해보자. 혼자서 5인분을 먹었지만 여전히 많은 음식이 남아 있어. 이런 상황에서는 욕심을 부려도 되지 않을까?

음식을 너무 많이 먹는 건 자기 통제력이 없다는 뜻이에요.

Q 아이들이 '아니다'라고 대답하면 다시 질문하기

음식 앞에서 욕심을 부리는 것이 왜 나쁘기만 한 건 아닐까?

A 아이들이 할 수 있는 답변

사람은 누구나 먹는 걸 좋아해요.

반대의견 욕심 부리지 않고도 얼마든지 먹을 수 있잖아.

잘 먹는다는 건 건강하다는 증거예요.

반대의견 너무 많이 먹으면 배가 아플 수도 있어.

먹는 건 즐거운 일이니까요.

음식에 욕심을 낸다고 해서 다른 사람에게 해를 끼치지는 않잖아요.

반대의견 혼자 너무 많이 먹으면 다른 친구들의 몫이 줄어들잖아.

Q 질문하기

그렇다면 음식 앞에서 욕심을 부리는 것이 나쁜 행동이 아닐 때는 언제일까?

A 아이들이 할 수 있는 답변

- 다른 사람이 다치거나 해를 입지 않는 경우는 괜찮아요.
- 나 자신이 다치거나 해를 입지 않는 경우는 괜찮다고 생각해요.
- 다른 사람이 내게 마음껏 먹으라고 권한 경우는 욕심 부려도 괜찮아요.
- 오랜 시간 아무것도 먹지 못했을 때는 욕심을 부려도 나쁜 행동이 아니에요.

····· 토론 활동 요약하기 ·····

첫째, 지금까지 논의한 문제를 다시 한 번 언급한다. 음식 앞에서 욕심을 부리는 게 늘 잘못된 것인지에 대해 이야기해보았다. 둘째, 아이들의 답변을 요약한다. 답변 내용은 크게 다음 두 가지이다.

- 음식 앞에서 욕심을 내는 건 잘못된 일이다. 너무 많이 먹으

면 배가 아플 수 있고, 많이 먹는 행위는 자기 통제력이 없다는 걸 뜻한다.

- 음식 앞에서 욕심을 부리는 게 늘 잘못된 건 아니다. 다른 사람의 몫이 충분히 남아 있고, 많이 먹어도 배탈이 안 난다면 얼마든지 먹어도 괜찮다.

····· 후속 활동하기 ·····

다음 여섯 가지 사례 가운데 욕심을 부린 경우와 그렇지 않은 경우를 나누어보고, 그 이유를 말해보자. 고학년 친구들에게는 카드에 써서 나누어주고 분류해보도록 한다.

- 빌이 친구들과 함께 간식을 먹다가 케이크를 혼자 다 먹어버렸다.
- 존은 온종일 땅 파기 작업을 하느라 허기진 상태에서 저녁을 두 그릇이나 먹었다.
- 메리는 일주일 내내 아파서 아무것도 못 먹다가 병이 다 나은 뒤 저녁을 세 번이나 먹었다.
- 줄리는 용돈을 좀 더 달라고 엄마께 부탁했다.
- 밥은 친구에게 용돈을 모두 자선냄비에 넣으라고 말했다.
- 수잔은 용돈을 많이 받기 위해 여러 가지 집안일을 했다.

5장

아름다움과 예술

어떤 걸 아름답다고 하는 걸까?

철학적 주제

예쁘다는 것의 의미, 아름다움의 정체

목표

아름다움을 만드는 요소는 무엇인지 논의해본다.

준비물

눈 오는 모습, 더러운 손, 자갈을 찍은 사진, 의자 그림 2개
기록용 칠판(첫 번째 칸: 사진과 그림,
두 번째 칸: 모두가 아름답다고 생각하는 그림이나 사진,
세 번째 칸: 모두가 아름답지 않다고 생각하는 그림이나 사진,
네 번째 칸: 어떤 아이들은 아름답다고 생각하는 그림이나 사진,
어떤 아이들은 아름답지 않다고 생각하는 그림이나 사진)

Q 질문하기

(칠판의 첫 번째 칸에 붙은 사진과 그림을 가리키며) 이 사진과 그림을 한번 살펴볼까? 어때? 이 사진과 그림들이 아름답다고 생각하니?

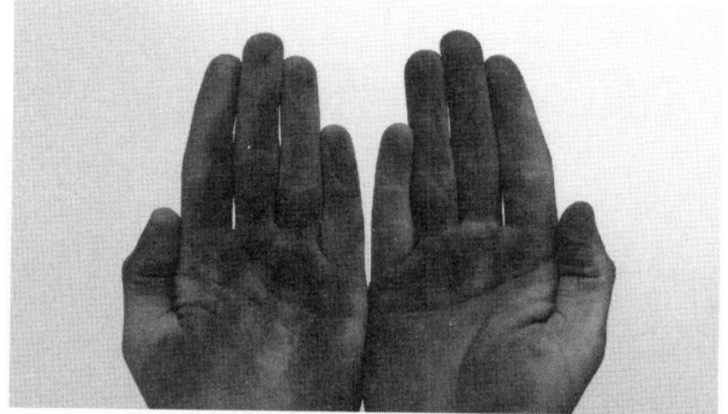

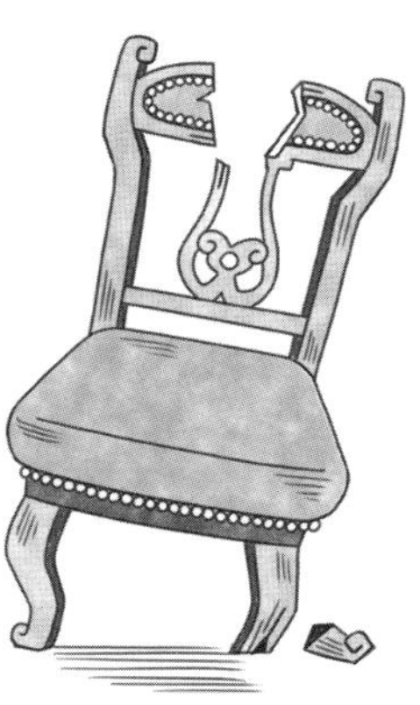

Q 질문하기

너희들은 모두 이 사진이 아름답다고 말했어. (모두가 아름답다고 생각하는 사진을 보여준다. 칠판의 두 번째 칸에 붙인다.) 이것이 왜 아름답다고 생각해?

A 아이들이 할 수 있는 답변

- 눈 내리는 모습이 평화로워 보여요.
- 자갈 무늬가 아름다워요.
- 의자가 앉기에 편해 보여요. 의자 본래의 기능에 충실해 보여요.
- 저는 아름다운 사진이나 그림 보는 걸 좋아해요.

  반대 의견 아름답지 않은 걸 즐기는 사람도 있어. 괴물이나 기괴한 그림이나 사진 같은 것 말이지.

Q 질문하기

너희들은 이것이 아름답지 않다고 말했어. (모두가 아름답지 않다고 생각하는 사진이나 그림을 보여준다. 칠판의 세 번째 칸에 붙인다.) 이것이 왜 아름답지 않다고 생각해?

A 아이들이 할 수 있는 답변

- 손이 더러워서 얼굴이 찌푸려져요.
- 손 사진은 조금 무서워요.
- 자갈 사진은 색깔이 밝거나 산뜻하지 않아요.
- 자갈 무늬가 괴상해요.
- 의자가 부서져서 제대로 앉을 수 없을 것 같아요. 의자의 기능을 잃어버린 것 같아요.
- 저는 이렇게 이상한 사진이나 그림 보는 걸 싫어해요.

  반대의견 멋진 사진이나 그림 보는 걸 싫어하는 사람도 있어. 그런 사람들은 거미나 뱀을 찍은 사진을 즐겨본단다.

Q 질문하기

어떤 아이들은 이 사진이나 그림을 아름답다고 생각하는 반면, 다른 아이들은 아름답지 않다고 생각하는구나. (의견이 갈린 사진이나 그림을 칠판의 네 번째 칸에 붙인다.) 이유를 말해볼까?

A 아이들이 할 수 있는 답변

- 의자 그림은 예쁘기도 하고 앉기에도 편해 보여요.

- 부서진 의자 그림은 앉기에 불편해 보여요.
- 부서진 의자이지만 모양은 여전히 예뻐요.
- 부서진 의자는 앉을 수 없기 때문에 더 이상 좋아 보이지 않아요.
- 자갈 무늬가 예쁘고 부드러워 보여요.
- 자갈 색깔이 어둡고 모두 제멋대로 놓여 있어서 보기 싫어요.

····· 토론 활동 요약하기 ·····

첫째, 지금까지 논의한 문제를 다시 한 번 언급한다. 아름다움을 만드는 요소는 무엇인지 이야기해보았다.

둘째, 아이들의 답변을 요약한다. 답변 내용은 크게 다음 네 가지이다.

- 특정 대상을 아름답게 보이게 하는 요소에는 색깔, 형태, 기능(본래의 기능을 제대로 만족하는 경우) 등이 있다.
- 특정 대상을 아름답지 않게 보이게 하는 요소에는 색깔, 형태, 기능(본래의 기능을 제대로 만족하지 못하는 경우) 등이 있다.
- 아름다움은 누군가 바라보기 때문에 의미가 있다.
- 누군가에게는 아름다워 보이는 것이 다른 누군가에게는 그렇지 않게 보일 수 있다. 따라서 아름다움을 구성하는 요소가 무엇이라고 단정할 수 없다.

• • • • • 후속 활동하기 • • • • •

본인이 아름답다고 생각하는 대상을 그려본다. 다른 아이들에게 자신의 그림을 보여주고 친구들도 똑같이 아름답다고 생각하는지, 그 이유는 무엇인지 들어본다.

철학적 주제

실제로 존재하는 것과 환상 속에 있는 것을 구분하는 법

목표

사진과 그림은 각각 실제 모습인지,
가상의 모습인지 이야기해본다.

준비물

사진 1번: 고양이 사진
그림 1번: 요리하는 고양이 그림
그림 2번: 걷고 있는 고양이 그림
그림 3번: 자고 있는 고양이 그림

Q 질문하기

(사진 1번을 보여주며) 이건 고양이 사진이야. 진짜 고양이 사진처럼 보이니?

Q 아이들이 '그렇다'라고 대답하면 다시 질문하기

진짜 고양이 사진이라는 것을 어떻게 알 수 있을까?

A 아이들이 할 수 있는 답변

- 사진 속 고양이가 진짜 고양이처럼 보여요.
- 사진이니까 진짜 고양이를 찍은 것이죠.

Q 아이들이 '아니다'라고 대답하면 다시 질문하기

진짜 고양이가 아니라는 것을 어떻게 알 수 있지?

A 아이들이 할 수 있는 답변

✎ **고양이가 움직이지 않아요.**

반대의견 고양이는 움직이고 있었는데, 사진을 찍은 사람이 고양이가 움직이지 않는 순간의 모습을 포착한 것일 수도 있어.

Q 질문하기

(그림 1번을 보여주며) 이건 요리하는 고양이 그림이야. 진짜 고양이처럼 보이니?

Q 아이들이 '그렇다'라고 대답하면 다시 질문하기

진짜 고양이라는 것을 어떻게 알 수 있지?

A 아이들이 할 수 있는 답변

✎ **진짜 고양이처럼 생겼어요.**

반대 의견 저 그림은 고양이가 요리하는 모습을 그렸는데, 진짜 고양이는 요리를 못하잖아.

✎ **고양이를 그린 사람은 틀림없이 살아 있는 고양이를 보고 그렸을 거예요.**

반대 의견 가상의 그림을 보고도 얼마든지 그림을 그릴 수 있어. 날아다니는 집을 그린 그림도 있는데 그런 일은 실제로 일어나지 않잖아.

Q 아이들이 '아니다'라고 대답하면 다시 질문하기

진짜 고양이가 아니라는 것을 어떻게 알 수 있지?

A 아이들이 할 수 있는 답변

✎ **고양이가 요리하고 있는 모습을 그렸는데, 고양이는 실제로 요리를 못해요.**

✎ **고양이가 움직이지 않기 때문에 진짜 고양이가 아니에요.**

반대 의견 고양이는 움직이고 있었는데, 그림을 그린 사람이 고양이가 움직이지 않는 순간의 모습을 포착해 표현한 것일 수 있어.

Q 질문하기

이 두 개는 그림이야. 왼쪽 그림 2번은 실제 고양이를 보고 그린 그림이고, 오른쪽 그림 3번은 고양이의 모습을 상상해서 그린 그림이지. 그림 그린 사람에게 직접 확인한 사실이야. 그런데 우리가 이 사실을 전혀 모른다고 가정해보자. 이 경우 어떤 그림이 진짜 고양이를 보고 그린 그림이고, 어떤 그림이 상상 속 고양이를 그린 그림인지 구분할 수 있을까?

Q 아이들이 '구분할 수 없다'라고 대답하면 다시 질문하기

진짜 고양이를 보고 그린 그림과 상상 속 고양이를 그린 그림을 어떻게 구분할 수 있을까?

A 아이들이 할 수 있는 답변

- 그림 2번 속 고양이는 살아 움직이는 것처럼 보여요. 그러니까 진짜 고양이를 보고 그린 그림이에요. 하지만 그림 3번 속 고양이는 살아 움직이는 것 같지 않아요. 그러니까 상상 속 고양이를 그린 거예요.

Q 아이들이 '구분할 수 없다'라고 대답하면 다시 질문하기

진짜 고양이를 보고 그린 그림과 상상 속 고양이를 그린 그림을 왜 구분할 수 없을까?

A 아이들이 할 수 있는 답변

- 상상 속 동물을 그려도 얼마든지 실제처럼 표현할 수 있어요. 예를 들어서 실제 고양이를 기른다고 생각하고 그것을 그림으로 표현할 수 있잖아요.
- 실제 고양이인지, 상상 속 고양이인지 그림을 그린 사람에게 확인해야 알 수 있어요.

····· 토론 활동 요약하기 ·····

첫째, 지금까지 논의한 문제를 다시 한 번 언급한다. 제시된 고양이 사진과 그림은 고양이의 실제 모습인지, 가상의 모습인지 이야기해보았다.

둘째, 아이들의 답변을 요약한다. 답변 내용은 크게 다음 세 가지이다.

- 사진은 실제의 모습을 담고 있다.
- 실제로는 일어날 수 없는 일을 담고 있다면 그 그림은 상상해서 그린 것이다.
- 실제로 얼마든지 일어날 수 있는 일을 담고 있다면 겉으로만 봐서는 실물을 보고 그렸는지, 상상해서 그렸는지 구분할 수 없다. 따라서 그림을 그린 사람에게 직접 물어봐야 한다. 그림은 작가의 의도가 중요하다.

····· 후속 활동하기 ·····

아이들에게 실물을 보고 그릴 것인지, 상상해서 그릴 것인지 물어본 뒤 다른 친구에게 말하지 말고 혼자만 알고 있으라고 일러둔다. 그림을 다 그리고 난 뒤 실물을 보고 그렸는지, 상상해서 그렸는지 친구들에게 맞추어보라고 한다.

····· 대체 활동하기 ·····

고양이 대신 실제로 존재하는 다른 대상을 그려본다. 소묘가 아닌 수채화나 만화 등 다른 화법을 이용해도 좋다. 단, 보고 그린 사진은 반드시 갖고 있어야 한다.

철학적 주제

진짜 일어난 일과 상상 속에서 일어난 일,
현실에서 가능한 일과 가능하지 않은 일

목표

공상 소설과 사실주의 소설의
차이에 대해 논의해본다.

준비물

바닷가 산책을 주제로 한 두 가지 이야기
샘과 강아지 맥스(인형이나 그림, 혹은 종이인형)

첫 번째 이야기 속으로

햇볕이 쨍쨍 내리쬐는 어느 화창한 날, 샘은 강아지 맥스와 함께 바닷가를 산책하고 있었어요. "이리와, 맥스. 저기 바위틈 사이에 물고기가 있는지 한번 찾아보자." 둘은 모래사장을 지나 바위를 향해 걸었어요. 그런데 맥스가 갑자기 왈왈 짖으며 어디론가 뛰어가지 뭐예요! 물가에 내려앉은 갈매기를 본 것이지요.

맥스가 달려오자 깜짝 놀란 갈매기는 훌쩍 날아올랐어요. 맥스도 지지 않았죠. 맥스는 갈매기를 놓칠세라 있는 힘껏 모래사장을 내달렸어요. 하지만 맥스가 갈매기를 어떻게 쫓아가겠어요. 갈매기는 빠르게 날아가 버렸고, 지친 맥스는 그만 모래사장에 주저앉고 말았어요.

바위틈에서 물고기를 찾고 있던 샘이 소리쳤어요. "맥스, 그만해. 갈매기 그만 쫓고 이리 와!" 샘이 맥스를 향해 소리쳤어요. "맥스, 넌 갈매기 절대 못 잡아!" 그 말을 알아들은 걸까요? 맥스는 엉거주춤 일어나서 샘에게로 달려왔어요. 샘과 맥스는 열심히 물고기를 찾았지만 결국 한 마리도 찾지 못했어요.

어느새 해가 뉘엿뉘엿 지고 있었어요. 맥스는 어두워진 하늘을 올려다보고는 말했어요. "맥스, 이제 집에 가는 게 좋겠어. 곧 어두워질 것 같아." 샘과 맥스는 바닷가를 떠나 집으로 돌아갔답니다.

Q 질문하기

이 이야기는 실제로 일어날 수 있는 일을 쓴 사실주의 소설일까? 아니면 실제로 일어날 수 없는 일을 가능한 것처럼 꾸며낸 공상 소설일까?

Q 아이들이 '사실주의 소설'이라고 대답하면 다시 질문하기

왜 사실주의 소설이라고 생각해?

A 아이들이 할 수 있는 답변

- 개는 원래 새를 쫓아다니니까요.
- 갈매기는 원래 쫓기는 상황이 되면 멀리 날아가버려요.
- 실제로 바닷가에 가보면 바닷가 바위틈에서 물고기를 쉽게 발견할 수 있어요.
- 사람들은 흔히 강아지와 함께 바닷가 산책을 즐겨요.

Q 아이들이 '공상 소설'이라고 대답하면 다시 질문하기

왜 공상 소설이라고 생각해?

맥스, 우리 바위틈에
물고기가 있는지 보러 가자!
와,
갈매기다!

A 아이들이 할 수 있는 답변

실제로 일어난 일이 아니라 꾸며낸 이야기이니까요.

반대의견 사실주의 소설도 꾸며낸 이야기인 건 마찬가지야. 사실주의 소설을 포함해 모든 소설은 꾸며낸 이야기란다.

샘과 맥스는 실제로 존재하지 않는 인물이에요.

반대의견 사실주의 소설에 등장하는 인물도 허구의 인물이야. 다만, 현실에서 존재할 법한 인물이지. 강아지와 함께 바닷가를 산책하는 소년은 실제로도 얼마든지 존재할 수 있어.

소설을 읽으면 우리는 머릿속으로 그 장면을 상상하곤 해요. 그러니까 이 이야기는 공상 소설이에요.

반대의견 사실주의 소설을 포함해서 모든 소설은 기본적으로 독자의 상상력을 요구해.

두 번째 이야기 속으로

샘은 오늘도 강아지 맥스와 함께 바닷가를 걷고 있었어요. 오늘은 바닷가에서 물장난을 치며 놀았지요. 그때 무언가 이상한 물체가 하늘을 가로지르며 날아왔어요. 깜짝 놀란 샘은 눈을 커다랗게 뜨고 하늘 위를 나는 생명체를 자세히 들여다보았어요. "맥스, 저것 좀 봐. 저게 뭐지?" 맥스도 샘을 따라 하늘을 올려다보았어요. 온 정신을 집중해 생명체를 바라보던 맥스가 큰 소리로 샘에게 말했어요. "어? 용이잖아, 샘!"

맥스는 벌떡 일어나서 용을 쫓아 달리기 시작했어요. 그러자 하늘을 날던 용이 맥스를 내려다보며 이렇게 외쳤지요. "넌 절대 나를 못 잡아!" 약이 오를 대로 오른 맥스는 온 힘을 다해 내달렸어요. 잠시 후, 용의 턱밑까지 추격해온 맥스는 펄쩍 뛰어올라 구름 가까이까지 바짝 다가갔어요. 그러고는 앞발을 뻗어 용의 꼬리를 확 낚아챘지만 놓치고 말았지요. "하하하, 내가 뭐랬어. 넌 나한테 어림도 없다니까!" 용은 맥스를 한껏 놀리며 멀리 날아가버렸어요. 화가 머리끝까지 난 맥스는 다시 한 번 높이 뛰어올랐지만 용의 속도를 따라잡기엔 역부족이었어요.

둘의 추격전을 구경하던 샘이 말했어요. "맥스, 그만 애쓰고 이리 와." 하지만 맥스는 씩씩거리며 용을 노려보았어요. "아니! 난 반드시 저 용을 잡을 거야!" 그러고는 또다시 모래사장 위를 빠르게 내달렸어요. 한 번, 두 번, 세 번…. 맥스는 계속 용을 잡으려고 뛰어올랐지만 한 번도 성공하지 못했어요. 맥스와 용의 쫓고 쫓기는 경주를 바라보던 태양이 더 이상 못 참겠다는 듯이 한마디했어요. "맥스, 이제 그만해! 넌 절대 용을 못 잡아. 용은 너 같은 조무래기가 따라잡을 수 있는 상대가 아니라고!" 태양이 말을 하자 맥스는 깜짝 놀랐어요. "너도 말을 할 수 있어?" 그러자 태양이 답했어요. "너도 말을 하는데 나라고 왜 못하겠어!"

Q 질문하기

이 이야기는 실제로 일어날 수 있는 일을 토대로 쓴 사실주의 소설일까? 아니면 실제로 일어날 수 없는 일을 가능한 것처럼 꾸며낸 공상 소설일까?

Q 아이들이 '사실주의 소설'이라고 대답하면 다시 질문하기

왜 사실주의 소설이라고 생각하니?

A 아이들이 할 수 있는 답변

- 강아지를 데리고 산책하는 건 흔히 있는 일이에요.

  반대의견 하지만 개와 태양은 말을 할 수 없고, 개를 놀리는 용도 현실에서는 존재하지 않아.

- 현실에서 일어날 수 있는 일은 공상 소설에 등장할 수 있지만, 공상 소설에 등장하는 일은 현실에서는 절대 일어날 수 없어요.

Q 아이들이 '공상 소설'이라고 대답하면 다시 질문하기

왜 공상 소설이라고 생각하니?

A 아이들이 할 수 있는 답변

- 용은 실제로 존재하지 않아요.
- 동물은 말을 할 수 없잖아요.
- 개가 그렇게 높이 뛰어오르는 건 말도 안 되는 일이에요.
- 태양은 웃거나 말을 할 수 없어요.

•••••• 토론 활동 요약하기 ••••••

첫째, 지금까지 논의한 문제를 다시 한 번 언급한다. 공상 소설과 사실주의 소설의 차이에 대해 이야기해보았다.

둘째, 아이들의 답변을 요약한다. 답변 내용은 크게 다음 네 가지이다.

- 현실주의 소설에는 실제로 일어날 수 있는 일만 등장한다.
- 공상 소설에서는 어떤 일도 일어날 수 있다.
- 공상 소설에는 현실에서 가능한 일과 그렇지 않은 일이 모두 등장할 수 있다.
- 현실주의 소설이나 공상 소설 모두 꾸며낸 이야기이므로 아무런 차이가 없다.

····· 후속 활동하기 ·····

개별적으로, 혹은 두서너 명씩 짝을 지어 사실주의 소설이나 공상 소설을 써본다. 이후 그룹을 나누어 자신이 쓴 이야기를 친구들 앞에서 발표한다. 이야기를 들은 친구들은 그것이 사실주의 소설인지 공상 소설인지 구체적인 이유를 들어 평가한다. 나이가 어린 아이들은 선생님과 함께 이야기를 만들어본다.

철학적 주제

무섭지만 재미있는 감정은 가능할까?

목표

현실에서는 무서운 상황을 즐기지 않으면서
무서운 이야기를 즐기는 건 가능한지 이야기해본다.

준비물

기록용 칠판(첫 번째 칸: 아이의 이름,
두 번째 칸: 무서운 이야기 듣는 것을 즐기는지 여부,
세 번째 칸: 현실에서 무서운 상황을 즐기는지 여부)
빌리와 괴물(인형이나 그림, 혹은 종이인형)

이야기 속으로

빌리는 홀로 바닷가를 걷고 있었어요. 한참을 걷다가 동굴 입구를 발견했지요. 호기심이 발동한 빌리는 동굴 안으로 조심스레 한 발을 내딛었어요. 동굴에 들어서자 으스스하고 차가운 공기가 훅 밀려왔어요. 빌리는 아주 천천히 살금살금 걸어갔어요. 몹시 어두웠기 때문에 두 손을 앞으로 쭉 뻗어 방향을 잡았지요. 그런데 조금 걸어들어갔을 때, 빌리의 손끝에 무언가가 닿았어요. 축축하고 끈끈한 느낌이었어요. "악!" 깜짝 놀란 빌리는 비명을 질렀어요. 하지만 다행히 이끼 낀 바윗덩어리였어요.

놀란 가슴을 진정시킨 빌리는 빨리 동굴을 빠져나가야겠다

는 생각이 들었어요. 갑자기 무서운 생각이 들었거든요. 빌리는 입구를 향해 슬슬 뒷걸음질을 쳤어요. 그런데 그 순간이었어요! 질질 발을 끄는 소리가 들려오지 뭐예요! '이게 무슨 소리지?' 빌리는 걸음을 멈추고 소리에 집중했어요. 소리는 점점 가까이 다가왔어요. 그러더니 어느 순간 거대한 그림자가 빌리를 덮쳤지요. "으악!" 빌리는 비명을 질렀어요. 어둠 속에서 커다랗고 날카로운 뿔 두 개가 보였어요. 털로 뒤덮인 기다란 팔 두 개도 눈에 들어왔지요. 노란색 눈동자 두 개는 가만히 빌리를 내려다보았어요. 빌리는 온몸이 얼어붙어서 눈조차 깜박일 수 없었어요. "내 동굴에서 지금 뭐하고 있는 거지?" 낮고 굵은 목소리가 동굴 안을 가득 메웠어요.

빌리는 눈을 커다랗게 뜨고 덜덜 떨리는 목소리로 물었어요. "괴… 괴… 괴물인가요?" 동굴 괴물이 씨익 웃으며 대답했어요. "잘 봤구나. 그래, 내가 바로 동굴 괴물이다. 누구든 내 동굴에 들어오면 커다란 우리 속에 가두어버리지." 괴물이 눈을 부릅뜨며 소리쳤어요. 그러고는 기다랗고 파란색 혀를 날름거리며 빌리에게 천천히 다가왔어요. 빌리는 있는 힘껏 동굴 밖으로 도망쳤어요. 괴물은 빌리의 뒤에서 비웃는 듯한 목소리로 이렇게 외쳤어요.

"깜짝 놀랐지, 요 녀석아! 깜짝 놀랐지, 요 녀석아!"

Q 질문하기

무서운 이야기를 듣는 걸 좋아하니? (아이들에게 칠판의 첫 번째 칸에는 이름을 쓰고, 두 번째 칸에는 질문에 대한 답을 쓰도록 한다.)

Q 질문하기

실제로 무서운 상황을 경험해본 적이 있으면 들려줄래? 실제로 무서운 상황에 닥치는 걸 좋아하니? (아이에게 칠판의 세 번째 칸에 답을 쓰도록 한다.)

Q 질문하기

(칠판을 보면서) 너희들 중 일부는 무서운 이야기를 듣는 건 즐기지만 실제 생활에서는 무서운 상황을 경험하고 싶지는 않다고 답변했어. (이렇게 대답한 아이가 없을 경우에는 '너희들 중 일부'라는 말 대신 '어떤 사람들은'이라고 표현한다.)
그렇다면 그 차이가 무엇일까? 무서운 이야기를 듣는 건 즐기면서 왜 무서운 상황을 실제로 경험하는 건 원하지 않는 걸까?

A 아이들이 할 수 있는 답변

실제로 위험한 상황에 놓이면 겁이 나요. 하지만 무서운 이야기를 듣는다고 내가 진짜 위험한 상황에 처하는 건 아니니까 무서운 이야기 듣는 건 얼마든지 즐길 수 있어요.

- 이야기를 들을 때 그 이야기에 집중하고 안 하고는 내가 결정할 수 있어요. 너무 무서우면 안 들으면 돼요. 하지만 무서운 상황이 실제로 닥치면 내가 선택할 수가 없잖아요.

- 무서운 이야기는 꾸며낸 이야기니까 얼마든지 즐길 수 있어요. 하나도 안 무서워요. 하지만 실제 무서운 상황이 벌어진다면 정말 무서울 것 같아요. 전혀 즐길 수가 없어요.

- 아무런 차이가 없어요. 실제 상황에서 느끼는 공포도, 무서운 이야기를 들을 때 느끼는 공포도 둘 다 싫어요. 대신 저는 다른 것에서 재미를 찾아요. 괴물이 참 멋있게 생겼다거나 다음에 어떤 일이 일어날까 하는 상상을 하죠.

- 아무런 차이가 없어요. 무서운 이야기도 재미있고 실제 생활에서 무서움을 느끼는 것도 즐기는 편이에요. 놀이동산에서 무서운 기구를 타는 것도 너무 재미있어요.

····· 토론 활동 요약하기 ·····

첫째, 지금까지 논의한 문제를 다시 한 번 언급한다. 현실에서는 무서운 상황을 즐기지 않으면서 무서운 이야기를 즐기는 건 가능한지 이야기해보았다.

둘째, 아이들의 답변을 요약한다. 답변 내용은 크게 다음 다섯 가지이다.

- 실제 생활에서 무서운 상황에 부딪히면 위험하지만, 무서운 이야기 듣는 건 그렇지 않다.
- 무서운 이야기는 듣다가 안 들으면 그만이지만, 실제 생활에서 벌어지는 무서운 상황은 내 의지대로 선택할 수 없다.
- 무서운 이야기는 꾸며낸 이야기이므로 전혀 무섭지 않다.
- 실제 무서운 상황과 무서운 이야기에는 차이가 없다. 실제 생활에서 느끼는 공포도, 이야기를 통해 느끼는 공포도 둘 다 즐기지 않는다.
- 실제 무서운 상황과 무서운 이야기에는 차이가 없다. 무서운 이야기를 들을 때처럼 실제 생활에서 벌어지는 공포도 종종 즐기곤 한다.

····· 후속 활동하기 ·····

무서운 이야기를 써보거나 무섭게 생긴 괴물을 그려본다. 다른 친구들에게 그 이야기나 그림이 무서운지, 왜 그렇게 느꼈는지도 물어본다.

6장

인격과 정신

내 감정과 마음은 왜 자꾸 바뀔까?

언제 화를 내는 것이 옳을까?

철학적 주제

우리는 왜 화를 낼까?

목표

언제 화를 내는 것이 옳은지(적절한지) 이야기해본다.

준비물

패치, 롤리, 샌디(인형이나 그림, 혹은 종이인형)
기록용 칠판(첫 번째 행: 패치가 화를 낸 건 적절한가?
두 번째 행: 패치가 화를 낸 건 적절하지 않은가?
첫 번째 열: 우연한 사고, 두 번째 열: 일부러 놀린 것,
세 번째 열: 일부러 괴롭힌 것), 투표용지

이야기 속으로

패치와 롤리와 샌디는 무척 친한 친구 사이예요. 세 강아지는 정원에서 신나게 공놀이를 하고 있었지요. 그런데 그만 패치가 돌에 걸려 넘어지고 말았어요. 넘어지면서 바닥에 코를 찧은 패치는 주저앉아 울음을 터뜨렸어요. 깜짝 놀란 롤리와 샌디가 재빠르게 달려왔어요. "패치, 괜찮아?" 친구들을 보자 패치는 화를 내기 시작했어요. "너희 때문에 넘어졌어! 지금 내 코가 얼마나 아픈지 알아? 너희가 그렇게 빨리 달리지만 않았어도 안 넘어졌을 거야." 패치는 그렇게 소리치며 코를 감싸 쥐고 엉엉 울었어요. 롤리와 샌디는 화를 내는 패치가 너무 당황스러웠어요. 롤리와 샌디는 공을 쫓아 그냥 달리고 있었을 뿐이었거든요. 패치가 넘어진 건 그저 우연한 사고였을 뿐이고요!

질문하기

패치는 자신이 넘어진 걸 롤리와 샌디 탓으로 돌리며 화를 냈어. 패치가 화를 낸 건 적절한 일일까? (아이들에게 투표로 생각을 묻고, 그 결과를 칠판 첫 번째 열에 적는다.)

공놀이가 재미없어진 세 강아지는 집 안으로 들어와 물을 마셨어요. 샌디와 롤리는 기분이 좀 나아진 패치를 보니 장난기가 발동했어요. "패치, 코 좀 다쳤다고 그렇게 울어대는 바보가 어딨냐!" 샌디가 패치를 놀렸어요. "그러게 말야. 게다가 그게 우리 탓이라니! 우린 더 이상 너랑 친구 안 할 거야!" 롤리도 샌디를 따라 패치를 놀렸어요.

여전히 코가 아픈 패치는 두 친구의 이야기를 듣자 또다시 화가 치밀었어요. "너희들 나빠! 친구가 아픈데 위로는 못해줄망정 그렇게 놀리기만 하다니! 미워, 너희랑 안 놀아!" 패치는 울보라는 소리도, 친구들이 자신을 비난하는 소리도 듣기 싫었어요. 패치는 울면서 집 밖으로 달려 나갔어요.

Q 질문하기

패치는 롤리와 샌디가 자신을 놀리자 화를 냈어. 패치가 화를 낸 건 적절한 일일까? (아이들에게 투표로 생각을 묻고, 그 결과를 칠판 두 번째 열에 적는다.)

이야기 속으로

집 밖으로 나간 패치는 따뜻한 햇살을 쬐며 가만히 앉아 있었어요. 그렇게 시간이 흐르니 마음이 조금 가라앉았지요. 그때 어디선가 친구들이 짖어대는 소리가 들려왔어요. 패치는 무슨 일인지 궁금해 주위를 둘러보았어요.

소리의 정체는 롤리였어요. 집 앞으로 나온 샌디가 롤리 주위에서 정신 사납게 점프를 하며 롤리를 괴롭히고 있었지요. 롤리는 계속해서 짖어댔어요. "그만 해, 샌디. 하지 마, 아프다고!" 하지만 샌디는 멈추려 하지 않았어요. 롤리 등에 올라타기도 하고 주위를 빙빙 돌기도 하고 그러다가 귀까지 물어버렸지요. 이 모습을 지켜본 패치는 지붕이 떠나가라 큰 소리로 외쳤어요. "제발 그만해, 샌디! 롤리가 괴로워하는 거 안 보여?" 몹시 화가 난 패치는 샌디가 멈출 때까지 큰 소리로 짖어댔어요.

Q 질문하기

샌디는 그저 재미로 롤리를 괴롭혔어. 이를 본 패치가 화를 낸 건 적절하다고 생각하니?(아이들에게 투표로 생각을 묻고, 그 결과를 칠판 세 번째 열에 적는다.)

활동

칠판에 적힌 결과를 보여 아이들끼리 자신의 의견을 이야기해 보고, 그렇게 생각한 이유도 말해본다. 일부 아이들이 '상황에 따라 패치의 분노는 적절한 경우와 그렇지 않은 경우로 나뉜다'라고 대답했다면 그 이유가 무엇인지 물어본다.

Q 질문하기

패치가 화를 내는 것이 적절한지, 그렇지 않은지에 대해 이야기해봤어. 패치가 언제 화를 내는 게 적절하다고 생각하니?

A 아이들이 할 수 있는 답변

언제든 화를 내는 건 옳지 않아요.

반대의견 누군가 잘못된 행동을 하고 있다면 그걸 멈추기 위해 화를 낼 수밖에 없는 상황이 있어. 그런데도 화를 내면 안 될까?

✎ **누군가 상대방이 싫어하는 행동을 계속 할 경우, 화를 내는 건 적절해요.**

반대 의견 그럼 엄마가 밤늦게까지 안 자고 있는 너를 보고 늦었으니 빨리 자라고 한다면 어떻게 할 거야? 그때도 화를 낼 거야?

✎ **단순한 사고가 아니라 상대방의 잘못이 명백한 경우에는 화를 내도 돼요.**

✎ **누군가 나에게, 또는 다른 사람에게 잘못했을 경우에는 화를 내도 돼요.**

····· 토론 활동 요약하기 ·····

첫째, 지금까지 논의한 문제를 다시 한 번 언급한다. 언제 화를 내는 것이 옳은지(적절한지)에 대해 이야기해보았다.

둘째, 아이들의 답변을 요약한다. 답변 내용은 크게 다음 두 가지이다.

- 어떤 상황에서도 화를 내는 건 옳지 않다.
- 상대방이 명백한 실수를 했거나 나에게, 또는 다른 사람에게 잘못된 행동을 한 경우에는 화를 내도 된다.

••••• 후속 활동하기 •••••

화가 난 사람의 얼굴을 그려본다. 이 사람이 화가 난 이유에 대해 친구들 앞에서 발표하거나 그림 아래에 직접 써본다. 화를 낸 것이 적절한지 그룹별로 토의해본다.

겁을 먹는 것도 이유가 있어야 할까?

철학적 주제

우리는 왜 두려움을 느낄까?

목표

언제 두려움을 느끼는 것이 옳은지(적절한지)
이야기해본다.

준비물

토끼 래빗과 쥐 조안나(인형이나 그림, 혹은 종이인형)

이야기 속으로

래빗과 조안나는 나무숲에서 행복하게 뛰놀고 있었어요. 그런데 잠시 후 '쾅!' 하는 소리와 함께 커다란 엔진 소리가 들리기 시작했어요. 둘은 눈을 동그랗게 뜨고 서로를 바라보았어요. "누군가 나무를 베고 있는 것 같아." 래빗이 말했어요. 그러자 조안나는 겁에 질린 듯 작게 속삭였어요. "저 소리 너무 무서워. 계속 여기 있다간 잘려 나간 나무에 깔릴지도 몰라." 놀란 건 래빗도 마찬가지였어요. "나도 너무 무서워." 둘은 재빨리 숲을 빠져나와 양배추 밭으로 도망갔어요.

질문하기

조안나가 겁을 먹은 건 적절하다고 생각하니?

아이들이 '그렇다'라고 대답하면 다시 질문하기

조안나가 겁을 먹은 건 왜 적절하다고 생각해?

아이들이 할 수 있는 답변

나무 베는 소리가 너무 컸으니까요.

- 잘려 나간 나무가 쓰러져 래빗과 조안나를 덮치면 정말 위험해질 수 있는 상황이었잖아요.
- 너무 겁을 먹고 놀랐기 때문에 위험한 상황에서 빠져나올 수 있었으니 적절한 행동이었어요.

Q 아이들이 '아니다'라고 대답하면 다시 질문하기

조안나가 겁을 먹은 건 왜 적절하지 않다고 생각해?

A 아이들이 할 수 있는 답변

- 위험한 일이 전혀 일어나지 않았잖아요.
- 시끄러운 소리는 그저 소음일 뿐이에요. 소음으로 다치지는 않아요.
- 소음은 멀리서 들렸어요. 위험한 상황이 아니었다는 뜻이죠.

이야기 속으로

래빗과 조안나는 양배추 밭 입구에서 걸음을 멈추었어요. "휴, 다행이다. 이제 위험한 일은 일어나지 않을 거야. 그런데 너무 배고프지 않니? 조안나, 우리 여기서 양배추 좀 먹고 쉬어가자." 래빗이 말했어요. 둘이 양배추 밭으로 들어서려는 순간, 조안나가 갑자기 소리를 지르며 밭 한가운데를 가리켰어요. "래빗, 저

것 좀 봐!" 조안나가 가리킨 건 양배추 밭을 지키고 있는 커다란 허수아비였어요.
"눈도 크고 팔도 엄청 길어. 너무 무섭게 생겼어. 난 더 이상 여기에 못 있겠어. 저 괴물이 날 쫓아와서 잡아챌 것만 같아." 조안나가 겁에 질린 목소리로 말했어요. 그러자 래빗은 별일 아니라는 듯 어깨를 으쓱이며 말했어요. "조안나, 겁먹지 마. 저건 허수아비야. 허수아비는 나무와 옷가지로 만든 모형일 뿐이라고." 하지만 조안나의 놀란 마음은 좀처럼 진정되지 않았어요. "난 그래도 무서워." 조안나는 벌벌 떨며 멀리 도망쳤고, 래빗은 혼자 남아 양배추로 배를 채웠답니다.

Q 질문하기

조안나가 겁을 먹은 건 적절하다고 생각하니?

Q 아이들이 '그렇다'라고 대답하면 다시 질문하기

조안나가 겁을 먹은 건 왜 적절하다고 생각해?

A 아이들이 할 수 있는 답변

- 조안나는 허수아비가 살아 있는 사람이라고 착각해 자기를 쫓아올 거라고 생각했어요. 그러니 무서웠을 거예요.

Q 아이들이 '아니다'라고 대답하면 다시 질문하기

조안나가 겁을 먹은 건 왜 적절하지 않다고 생각해?

A 아이들이 할 수 있는 답변

- 허수아비는 진짜 사람이 아니라서 조안나에게 아무 짓도 할 수 없어요.
- 조안나는 허수아비가 진짜 사람이 아니라서 자신을 해칠 수 없다는

걸 알고 나서도 여전히 무서워했어요.

✎ 조안나가 도망치는 바람에 조안나는 결국 아무것도 먹지 못했어요.

Q 질문하기

(대부분의 아이는 시끄러운 소리에 조안나가 겁을 낸 건 적절했다고 대답하지만, 허수아비에 두려움을 느낀 건 적절하지 않다고 대답할 것이다. 그렇다면 다시 이렇게 질문하자.)

시끄러운 소리에 겁을 낸 건 왜 적절하고, 허수아비에 두려움을 느낀 건 왜 적절하지 않은지 이야기해볼까?

A 아이들이 할 수 있는 답변

나무가 쓰러지면 누구든 다칠 위험이 있지만, 허수아비는 아무런 해를 끼칠 수 없어요.

Q 질문하기

언제 두려움을 느끼는 게 적절하다고 생각하니?

A 아이들이 할 수 있는 답변

✎ 두려움을 느끼는 건 언제라도 적절하지 않아요.

반대 의견 두려움을 전혀 느끼지 못한다면 위험한 상황을 피하지 못해 크게 다칠 수도 있어.

✎ 위험한 상황처럼 보일 때만 두려움을 느끼는 게 적절해요.

반대 의견 위험한 상황처럼 보일 때만 그 자리를 벗어난다면 그 상황에서 일어나는 다른 좋은 걸 놓칠 수도 있어.

✎ 진짜 위험한 상황에서만 두려움을 느끼는 게 적절해요. 위험한 상황처럼 보인다고 해서 두려움을 느끼는 건 적절하지 않아요.

····· 토론 활동 요약하기 ·····

첫째, 지금까지 논의한 문제를 다시 한 번 언급한다. 언제 두려움을 느끼는 것이 옳은지(적절한지)에 대해 이야기해보았다.

둘째, 아이들의 답변을 요약한다. 답변 내용은 크게 다음 두 가지이다.

- 진짜 위험한 상황에서만 두려움을 느끼는 게 적절하다. 위험한 상황처럼 보인다고 해서 두려움을 느끼는 건 적절하지 않다.
- 두려움을 느끼는 건 언제라도 적절하지 않다.

····· 후속 활동하기 ·····

아이들을 몇 개의 그룹으로 나누어 두려움을 느낄 수 있는 여러 가지 상황에 대해 생각해보도록 한다. 각각의 상황에서 두려움을 느끼는 게 적절한지에 대해 이야기해본다.

행복이란 무엇일까?

철학적 주제

행복에 대하여

목표

우리를 행복하게 하는 것에 대해 이야기해본다.

준비물

기록용 칠판(첫 번째 칸: 이름,

두 번째 칸: 우리를 행복하게 하는 것, 세 번째 칸: 숫자)

투표용지 두 세트: 행복한 표정 한 세트, 슬픈 표정 한 세트

이야기 속으로

수지는 학교에서 집에 오자마자 부리나케 부엌으로 달려갔어요. "엄마, 이것 좀 보세요! 내 친구 매리 생일인데 생일파티에 초대받았어요! 저 가도 되죠? 허락해주세요, 네?" 수지가 엄마에게 간절히 부탁했어요. "물론이지, 가도 돼." 수지는 팔짝팔짝 뛰며 좋아했어요. 진심으로 너무 행복했어요.

"엄마, 매리한테 줄 선물을 사야 해요. 친구를 위해 선물을 사는 건 진짜 행복한 일이에요. 선물 사러 언제 갈까요?" 엄마가 미소를 지으며 대답했어요. "토요일에 가자꾸나."

드디어 기다리고 기다리던 매리의 생일파티 날이 돌아왔어요. 수지는 예쁘게 드레스를 차려입었어요. "엄마, 전 이 드레스

를 입을 때마다 무지무지 행복해요!"

매리의 생일파티에는 수지가 좋아하는 음식이 정말 많이 차려져 있었어요. "와, 이 음식 좀 봐. 내가 좋아하는 음식이 잔뜩 있네?" 수지는 매리 엄마에게 다가가 이렇게 말했어요. "아줌마, 고맙습니다! 이렇게 맛있는 음식을 많이 준비해주시다니, 정말 너무 행복해요!"

수지는 친구들과 즐거운 시간을 보냈어요. 친구들과 어울려 실컷 먹고 즐겁게 논 뒤 집으로 돌아온 수지는 몹시 피곤했어요. 하지만 마음만은 너무나 행복해 기쁜 마음으로 잠을 청했답니다.

Q 질문하기

수지는 왜 행복했을까?

A 아이들이 할 수 있는 답변

- 생일파티에 초대받아서 행복했어요.
- 친구에게 선물을 주어서 행복했어요.
- 예쁜 드레스를 입고 한껏 꾸며서 행복했어요.
- 수지가 좋아하는 맛있는 음식을 잔뜩 먹어서 행복했어요.
- 피곤하지만 기쁜 마음으로 잠이 들어서 행복했어요.

활동하기

아이들에게 무엇이 자신을 행복하게 하는지 질문해보자. 아이들의 이름을 칠판의 첫 번째 칸에 쓰고, 두 번째 칸에는 답변을 쓴다. 답변을 모두 기록한 뒤 위에서부터 차례로 읽어가며 아이들 각자 행복한 표정이나 슬픈 표정의 카드를 들어 투표를 하게 한다. 행복한 표정의 카드를 든 아이들의 숫자를 세 번째 칸에 기록한다. 아이들 모두가 행복하다고 투표한 경우와 일부 아이들만 행복하다고 투표한 경우를 비교해서 살펴본다.

Q 질문하기

칠판에 적힌 내용은 왜 우리를 행복하게 할까?

A 아이들이 할 수 있는 답변

- 내 마음대로 할 수 있으니까요.
- 친구나 가족과 함께 있잖아요.
- 다른 사람을 도와주어서 행복해요.
- 다른 사람에게 선물을 주니까 행복해요.
- 다름 사람에게 선물을 받아서 행복해요.

- 가장 좋아하는 음식을 먹으니 행복해요.
- 장난감을 갖고 놀아서 행복해요.

Q 질문하기

우리를 행복하게 만드는 것에는 공통점이 있다고 생각하니?

Q 아이들이 '그렇다'라고 대답하면 다시 질문하기

우리를 행복하게 만드는 것에는 어떤 공통점이 있다고 생각해?

A 아이들이 할 수 있는 답변

- 그것은 모두 우리에게 기쁨을 줘요.
- 그것은 우리가 원하는 것들이에요.
- 그것은 우리에게 필요한 것이에요.

Q 아이들이 '아니다'라고 대답하면 다시 질문하기

우리를 행복하게 만드는 것에는 왜 공통점이 없다고 생각해?

A 아이들이 할 수 있는 답변

- 우리를 행복하게 하는 건 사람마다 달라요. 어떤 경우에는 물건이, 어떤 경우에는 행동이, 어떤 경우에는 사람이 기쁨을 주기도 해요. 그것은 또 우리가 필요한 대상일 수도, 우리가 원하는 대상일 수도 있어요.

- 사람마다 행복을 느끼는 대상이 달라요.

····· 토론 활동 요약하기 ·····

첫째, 지금까지 논의한 문제를 다시 한 번 언급한다. 우리를 행복하게 하는 것에 대해 이야기해보았다.

둘째, 아이들의 답변을 요약한다. 답변 내용은 크게 다음 세 가지이다.

- 우리가 원하는 것, 필요로 하는 것, 또는 즐기는 것으로부터 우리는 행복감을 느낀다.
- 우리는 여러 가지 요소로부터 행복감을 느낀다. 따라서 우리를 행복하게 만드는 것에는 공통점이 없다.
- 사람마다 행복을 느끼는 지점이 다르다.

• • • • • 후속 활동하기 • • • • •

둘씩 짝을 지어 나를 행복하게 하는 것 6개, 슬프게 하는 것 1개씩을 적어본다. 각자 친구들 앞에서 자신을 행복하게 하는 것을 발표하고, 슬프게 하는 것 1개를 맞춰보라고 질문한다. 그리고 친구들에게 왜 그렇게 생각했는지 물어본다.

우리를 슬프게 하는 건 뭘까?

철학적 주제

슬픔이란 무엇일까?

목표

우리를 슬프게 하는 것에 대해 이야기해본다.

준비물

테디(인형이나 그림, 혹은 종이인형)

슬픈 표정이 그려진 카드

이야기 속으로

테디는 지금 몹시 슬퍼요. 하염없이 울면서 눈물을 닦고 있어요. 테디는 왜 이렇게 슬퍼하는 걸까요? (아이들의 답변을 칠판에 써 보자.)

아이들이 할 수 있는 답변

- 넘어져서 다쳤거든요.
- 엄마가 돌아가셨어요.
- 친구들한테 괴롭힘을 당했어요.

- 테디가 좋아하는 장난감을 도둑맞았어요.
- 감기에 걸려서 몸이 너무 아파요.
- 먹기 싫은 음식을 억지로 먹었어요.
- 날씨가 너무 추워서 그래요.
- 선생님한테 혼이 났어요.
- 엄마가 나가서 놀지 말라고 했어요.
- 무언가 잘못을 저질러서 기분이 좋지 않아요.

Q 질문하기

테디를 슬프게 한 것들에서 너희들도 슬픈 감정을 느꼈니?
(아이들에게 위의 답변을 읽어준 뒤, 그로 인해 본인도 슬픔을 느꼈다고 답하면 카드를 들도록 한다. 각각의 항목에 아이들이 카드를 든 숫자를 기록한다.)

활동하기

아이들 스스로 위의 답변을 항목별로 구분해보도록 한다. 우리를 슬프게 하는 것을 어떤 식으로 나누면 좋을지 함께 생각해본 뒤, 아이들의 답변을 칠판에 기록한다.

아이들이 할 수 있는 답변

- 우리 신체와 관련된 감각 슬픔(예: 치아가 아플 때, 추울 때, 고통스러울 때, 배고플 때).
- 느낌(감정)과 관련된 슬픔(예: 죄의식, 분노, 공포).
- 친구나 가족과 관련된 슬픔(예: 같이 놀 친구가 없거나 엄마가 돌아가셨을 때).
- 소유물과 관련된 슬픔(예: 내 장난감을 도둑맞았을 때, 장난감이 망가졌을 때).
- 해야 할 일과 관련된 슬픔(예: 더 놀고 싶은데 잠을 자야 할 때).
- 할 수 없는 것과 관련된 슬픔(예: 밖에 나가서 놀 수 없을 때).

활동하기

질문하기에 대한 답변을 아래 두 가지 주제로 분류해보자. (칠판에 기록한다.)

- 우리가 원하지 않는 상황이 닥칠 때(예: 치아가 아플 때, 친구가 못되게 굴 때).
- 우리가 원하는 것을 가질 수 없는 상황일 때(예: 배고픈데 먹을 게 없을 때, 밖에 나가 놀 수 없을 때).

····· 토론 활동 요약하기 ·····

첫째, 지금까지 논의한 문제를 다시 한 번 언급한다. 우리를 슬프게 하는 것에 대해 이야기해보았다.

둘째, 아이들의 답변을 요약한다. 답변 내용은 크게 다음 세 가지이다.

- 우리를 슬프게 하는 것을 적어보았다(예: 일찍 잠자리에 들어야 하는 것, 몹시 추운 상황 등).
- 우리를 슬프게 하는 것을 그룹별로 구분해보았다(예: 우리 신체와 관련된 것, 친구나 가족과 관련된 것 등).
- 우리를 슬프게 하는 것을 다시 두 가지로 분류해보았다(예: 우리가 원하지 않는 상황 때문에 슬픈 경우, 원하는 것을 가질 수 없는 상황 때문에 슬픈 경우).

····· 후속 활동하기 ·····

슬픈 표정을 짓고 있는 사람을 그려본다. 두서너 명씩 짝을 지어 그 사람이 왜 슬픈지, 어떻게 하면 다시 행복해질 수 있는지 이야기해본다.

철학적 주제

고통이란 무엇일까?
좋은 것과 나쁜 것의 특성을 동시에 갖는 게
가능한 일일까?

목표

고통을 느끼는 것이 늘 안 좋은 것인지
이야기해본다.

준비물

앤디와 앤디의 친구(인형이나 그림, 혹은 종이인형)
붕대, 상자로 만든 벽

이야기 속으로

앤디는 무너진 담장 벽을 손보고 있었어요. 벽돌을 예쁘게 쌓아 튼튼한 담장을 만들고 싶었지요. 사다리를 타고 몇 시간씩 일을 해서 드디어 맨 위에 마지막 벽돌을 쌓아 올리려던 순간, 저쪽에서 친구가 인사하는 소리가 들렸어요. "안녕, 앤디!" 앤디는 누구인가 싶어 소리 나는 쪽으로 고개를 돌리려다가 그만 중심을 잃고 사다리에서 떨어지고 말았어요.

친구가 달려와 걱정스러운 눈빛으로 물었어요. "괜찮니, 앤디?" 앤디는 무릎을 감싸쥐고 끙끙대며 대답했어요. "아아, 무릎이 너무 아파. 좀 부은 것 같아." 친구는 부어오른 앤디의 무릎을 보더니 집으로 달려가 얼른 구급상자를 가져왔어요. 앤디의 무릎에 붕대를 감으며 친구가 말했어요. "붕대부터 감고 얼른 병원에 가보자."

질문하기

앤디는 아주 고통스러운 상황에 빠졌어. 무릎이 정말 아팠지. 앤디의 기분은 어땠을까?

아, 무릎이
너무 아파. 어떡하지?

A 아이들이 할 수 있는 답변

- 화가 났어요.
- 깜짝 놀랐어요.
- 슬플 것 같아요.
- 기분이 나쁘겠죠.

Q 질문하기

고통은 언제나 안 좋은 것일까?

Q 아이들이 '그렇다'라고 대답하면 다시 질문하기

고통은 왜 언제나 안 좋은 것일까?

A 아이들이 할 수 있는 답변

- 사람은 고통스러운 걸 싫어해요.
- 고통스러우면 눈물이 나요.
- 고통스러우면 기분마저 우울해져요.

반대 의견 하지만 고통을 느끼지 않으면 뜨거운 냄비를 만지는 등 위험한 상황을 피할 수 없잖아.

Q 아이들이 '아니다'라고 대답하면 다시 질문하기

고통은 왜 언제나 나쁜 것만은 아닐까?

A 아이들이 할 수 있는 답변

- 고통을 통해 조심하는 법을 배울 수 있어요. 그래서 넘어지거나 다치지 않게 스스로를 보호할 수 있어요.
- 뜨거운 냄비처럼 위험한 걸 만지지 않을 수 있어요.
- 가벼운 상처가 나서 행동을 멈추면 더 심한 상처를 막을 수 있어요.
- 고통스러운 순간에 엄마의 따뜻한 위로를 받을 수 있어요.

Q 질문하기

고통은 우리가 싫어하므로 나쁜 거야. 하지만 때로는 더 심한 상처에서 우리를 보호하니까 좋은 것이기도 하지. 이처럼 좋은 것과 나쁜 것의 특성을 동시에 갖는 게 가능한 일일까?

A 아이들이 할 수 있는 답변

- 고통은 누구나 싫어하기 때문에 그 자체로는 안 좋아요. 하지만 우리를 더 깊고 심한 상처에서 보호하기도 해요.

····· 토론 활동 요약하기 ·····

첫째, 지금까지 논의한 문제를 다시 한 번 언급한다. 고통은 언제나 안 좋은 것인지에 대해 이야기해보았다.

둘째, 아이들의 답변을 요약한다. 답변 내용은 크게 다음 세 가지이다.

- 고통은 안 좋은 것이다. 고통스러운 느낌은 누구나 싫어하기 때문이다.
- 고통은 좋은 것이다. 더 깊고 심한 상처로부터 보호해주기 때문이다.
- 고통은 그 자체로는 안 좋지만 긍정적인 부분도 있다.

····· 후속 활동하기 ·····

- 아이들을 세 그룹으로 나누어 고통을 느낄 수 있는 세 가지 상황을 생각해본다. 그리고 각각의 고통이 좋은지, 그렇지 않은지 이야기해본다.
- 그 자체로는 좋다고 볼 수 없지만 때로 긍정적인 효과를 나타내는 경우를 생각해본다. 길에서 뛰면 안 된다고 엄마가 말씀하신 경우, 높은 나무 위로 올라가다가 겁을 먹고 다시 내려온 경우를 들 수 있다.

철학적 주제

진짜는 무엇이고 가짜는 무엇일까?
내가 아닌 다른 것이 되어보는 기분은 어떨까?

목표

진짜인 척하려면
그것을 진짜라고 믿어야 하는지에 대해
이야기해본다.

활동하기

거인에 대해 아이들과 이야기해본다. 거인은 어떻게 움직이는지, 어떻게 말을 하는지 등을 자유롭게 이야기한다. 그리고 아이들 스스로 거인인 척하면서 교실을 돌아다녀본다.

질문하기

자, 이제 거인이 된 것처럼 행동하자. 내가 진짜로 거인이 됐다고 생각하는 거야. 어때? 진짜로 거인이 된 것 같은 기분이 드니? 거인인 척 행동하고 있지만 진짜 거인이 됐다고 믿었니?

Q 아이들이 '그렇다'라고 대답하면 다시 질문하기

왜 거인인 척 행동할 때 나 자신이 진짜 거인이 됐다고 믿었니?

A 아이들이 할 수 있는 답변

그냥 재미로 그렇게 믿고 행동했어요.

반대 의견 무언가를 믿으면 그것을 사실로 받아들이게 돼. 하지만 단순히 재미로 믿었다면 사실로 생각할 수는 없지. 네 스스로 정말 거인이 됐다고 믿었니?

겉으로만 그런 척하려면 머릿속이 굉장히 복잡해져요. 그러니까 그냥 그렇다고 믿어버렸어요.

반대 의견 무조건 믿지 말고 그저 상상 속에서 생각만 할 수는 없는 일일까?

거인은 손과 발이 무척 크고 걸음걸이도 성큼성큼 커요. 목소리도 아주 굵고요. 저도 손과 발이 크고 걸음걸이도 크고 목소리도 굵어요.

반대 의견 자, 그럼 이번에는 내가 하늘의 별이 됐다고 생각해보자. 이번에도 내가 하늘의 별이라고 믿었니? 그렇다면 왜 아직도 교실에 남아 있는 걸까?

Q 아이들이 '아니다'라고 대답하면 다시 질문하기

왜 거인인 척 행동할 때 나 자신이 진짜 거인이 됐다고 믿지 않았니?

아이들이 할 수 있는 답변

- 내 손과 발을 보니 아주 평범한 크기였거든요.
- 거울 속 나는 거인이 아니었어요.
- 우리 모두가 거인이라면 어떻게 이 교실에 다 들어올 수 있었겠어요.
- 거인은 존재하지 않아요. 그래서 믿지 않고 그냥 그런 척만 했을 뿐이에요.

이어서 질문하기 그럼 나비처럼 실제로 존재하는 대상일 경우에는 스스로 나비가 됐다고 믿고 나비인 척할 수 있을까?

····· 토론 활동 요약하기 ·····

첫째, 지금까지 논의한 문제를 다시 한 번 언급한다. 진짜인 척하려면 그것을 진짜라고 믿어야 하는지에 대해 이야기해보았다.

둘째, 아이들의 답변을 요약한다. 답변 내용은 크게 다음 두 가지이다.

- 우리가 다른 대상인 척 연기할 때 우리는 실제로 그 대상이 되었다고 믿는다. 이유는 두 가지이다. 그렇게 믿으면 재미있기 때문에, 또는 겉으로만 그런 척하면 머릿속이 굉장히 복잡하기 때문이다. 그러니 완전히 그 대상이 되어 몰입하는 게 좋다.

- 우리가 다른 대상인 척 연기할 때 우리는 실제로 그 대상이 되었다고 믿지 않는다. 이유는 세 가지이다. 겉으로 드러나는 모습이 그 대상과 다르거나, 그 대상처럼 행동할 수 없기 때문에, 혹은 그 대상이 실제로 존재하지 않기 때문이다.

····· 후속 활동하기 ·····

코끼리처럼 실제로 존재하는 대상을 두고 내가 그 대상이 된 것처럼 행동해본다. 이때 내가 진짜 코끼리가 됐다고 믿었는지 아이들에게 물어본다.

철학적 주제

'사람'이란 무엇일까?

'사람'은 다른 존재와 어떤 차이점이 있을까?

목표

생각과 감정이 없는 로봇도

사람이 될 수 있는지 이야기해본다.

준비물

로봇 이삭(인형이나 그림, 혹은 종이인형)

이야기 속으로

금속으로 만들어진 이삭은 배터리 충전으로 작동해요. 이삭은 사람들이 말을 시키면 대답도 할 줄 알아요. 이름을 물으면 '이삭'이라고 대답한답니다. 궁금한 걸 물으면 답을 알려주기도 하고, 넘어져서 무릎을 다치면 울기도 하지요. 그러고는 이렇게 소리쳐요. "아, 내 무릎!" 그뿐이 아니에요. 음악이 나오면 춤도 출 줄 아는걸요. 재주도 많아서 의자나 곰 인형을 만들어달라고 하면 뚝딱뚝딱 금방 만들어준답니다. 이삭은 아주 똑똑한 로봇이에요.

하지만 이삭은 생각을 할 수 없어요. 이삭을 만든 개발자가 알

려준 사실이에요. 넘어졌을 때 "아, 내 무릎!" 하고 소리는 질러도 고통을 느끼지는 못한대요. 음악을 들을 때나 춤을 출 때도 기쁨이나 슬픈 감정을 못 느낀다고 해요. 사람처럼 행동은 하지만, 사람처럼 생각하거나 감정을 느끼지는 못하지요.

Q 질문하기

로봇 이삭은 사람일까?

Q 아이들이 '그렇다'라고 대답하면 다시 질문하기

왜 로봇 이삭이 사람이라고 생각해?

A 아이들이 할 수 있는 답변

- 이삭은 우리처럼 말도 하고 질문하면 답변도 잘하니까요.

  반대 의견 컴퓨터도 정확한 답변을 내놓을 수 있어. 그렇다면 컴퓨터도 사람일까?

- 이삭은 우리처럼 행동해요.

- 이삭은 몸을 움직이고 춤도 춰요.

  반대 의견 나비도 움직이지만 사람은 아니야.

이삭은 뭔가를 만들 수 있어요.

반대 의견 거미도 거미줄을 만들고 공장의 기계도 물건을 만들어. 그렇다고 사람은 아니잖아.

Q 아이들이 '아니다'라고 대답하면 다시 질문하기

왜 로봇 이삭이 사람은 아니라고 생각해?

A 아이들이 할 수 있는 답변

이삭은 금속으로 만들어졌어요. 하지만 사람은 피부와 뼈가 있죠.

반대 의견 피부와 뼈가 없는 외계 생물체도 존재할 수 있잖아.

이삭은 기계일 뿐이에요.

이삭은 고통을 느끼지 못해요. 하지만 사람은 고통을 느껴요.

반대 의견 희귀한 유전병 때문에 고통을 느끼지 못하는 사람도 있어.

이삭은 기쁨과 슬픔을 느낄 수 없어요.

반대 의견 사람도 잠잘 때는 기쁨과 슬픔을 느끼지 않아. 하지만 사람이라는 사실은 변하지 않아.

이삭은 생각을 할 수 없지만 사람은 생각하는 존재예요.

이삭은 음식을 먹지 않아요.

반대 의견 사람은 음식으로 힘을 얻지만 이삭은 배터리로 에너지를 얻어.

····· 토론 활동 요약하기 ·····

첫째, 지금까지 논의한 문제를 다시 한 번 언급한다. 생각과 감정이 없는 로봇도 사람이 될 수 있는지 이야기해보았다.

둘째, 아이들의 답변을 요약한다. 답변 내용은 크게 다음 두 가지이다.

- 로봇 이삭은 사람이다. 사람처럼 행동하고, 질문하면 답도 하며, 뭔가를 만들기도 한다.
- 로봇 이삭은 사람이 아니다. 아무 감정도 느끼지 못하고 생각도 못한다.

····· 후속 활동하기 ·····

사람의 모습을 한 외계 생물체 하나, 사람의 모습이 아닌 외계 생물체 하나를 각각 그려본다. 아이들 스스로 그 차이를 설명해 본다.

7장

꿈인지 현실인지 어떻게 구별할까?

철학적 주제

내가 꾼 현실 같은 꿈, 내가 겪은 꿈 같은 현실

목표

꿈속에서 겪은 일이
현실에서 일어난 사건이 아니라는 사실을
어떻게 알 수 있는지 이야기해본다.

준비물

밀리와 작은 괴물들(인형이나 그림, 혹은 종이인형)
침대로 사용할 상자 한 개

밀리는 깊은 잠에 빠져 있었어요. 그런데 잠시 뒤, 이상한 소리에 눈을 번쩍 떴지요. 맙소사, 밀리는 믿을 수가 없었어요. 분홍색 털로 뒤덮인 아주 작은 괴물 두 마리가 살며시 방문을 열고 들어오지 뭐예요! 녀석들은 밀리의 침대 위로 올라와서 큰 소리로 말을 건넸어요. "안녕, 밀리!" 밀리는 너무 놀라 아무 말도 하지 못했어요.

침대에서 펄쩍 뛰어내린 녀석들은 고함을 치며 온 방을 뛰어다녔어요. 밀리의 서랍장을 열고 옷가지를 죄다 꺼내 공중으로 던지며 놀았지요. 그러고는 밀리를 보며 혀를 내밀면서 밀리를 약 올렸어요. "그만해!" 참다못한 밀리가 소리쳤어요. 하지만 두 녀석은 아랑곳하지 않고 계속해서 소란을 피웠어요. 밀리의 장난감을 모두 꺼내 방을 엉망으로 만들고 우당탕탕 이곳저곳을 뛰어다니고 올라타며 야단법석을 피웠지요. 밀리는 또 한 번 소리를 질렀어요. "제발 그만하고 나가!" 그랬더니 녀석들이 종종걸음을 치며 방을 빠져나가는 게 아니겠어요?

"엄마, 엄마!" 밀리가 울먹이며 엄마를 불렀어요. 엄마는 곧장 밀리에게 달려왔어요. "밀리, 무슨 일이야? 왜 울고 있어?" 밀리가 엄마의 품속으로 파고들며 말했어요. "엄마 어떡해! 분홍 털로 뒤덮인 작은 괴물 두 마리가 내 방으로 들어와서 고래고래 소

우린 진짜
존재하는 괴물일까
아닐까?
야호, 우린
말썽쟁이 괴물이지.

리를 지르면서 방을 엉망으로 만들었어요." 엄마는 밀리의 등을 토닥이며 울고 있는 밀리를 달래주었어요. "밀리야, 네가 꿈을 꿨나 보구나. 세상에 그런 괴물은 없어. 집 안에 들어온 적은 더더욱 없어. 방을 한 번 둘러봐. 아까 그대로잖아." 방을 둘러본 밀리가 고개를 저었어요. "아니에요, 진짜예요. 아까 고함소리 못 들었어요?" 엄마는 고개를 저었어요. "아니, 전혀. 만약 그런 소리가 났다면 엄마도 분명히 들었을 거야. 엄마는 책을 읽고 있었거든." 밀리는 그제야 고개를 끄덕였어요. "그럼 제가 꿈을 꾼 게 틀림없네요. 꿈속에서 겪은 일이 현실에선 하나도 안 일어났으니까요." 밀리도 엄마의 말에 동의했어요.

Q 질문하기

밀리는 꿈에서 겪은 일이 실제로도 일어났다고 생각했지만 사실이 아니었어. 엄마는 어떤 식으로 밀리를 설득했지?

A 아이들이 할 수 있는 답변

- 분홍색 털로 뒤덮인 괴물은 존재하지 않는다고 말했어요.
- 밀리의 방이 어지럽혀져 있지 않다는 걸 보여주었어요.
- 누군가의 고함소리를 듣지 못했다고 말해주었어요.

아이들이 자신이 꾸었던 꿈에 대해 이야기하도록 한다.

Q 질문하기

잠에서 깨어날 때, 꿈에서 겪은 일이 실제로 일어나지 않았다는 사실을 어떻게 알게 되었니?

A 아이들이 할 수 있는 답변

- 가능하다면 꿈속 등장인물에게 나의 꿈이 현실에서 벌어진 일인지 물어보면 될 것 같아요.
- 내가 잠을 자는 동안 부모님이 계속 집에 계셨는지 확인한 뒤, 꿈에서 겪은 일이 실제로도 일어났는지 물어보면 돼요.
- 꿈속에서 겪은 대로 주변 환경이나 상황이 바뀌었는지 확인해요.
- 꿈속에서 본 것이 현실에서도 존재하는지 확인해요.
- 꿈속에서 겪은 일이 현실에서도 정말 일어날 수 있는 일인지 생각해보면 돼요.

····· 토론 활동 요약하기 ·····

첫째, 지금까지 논의한 문제를 다시 한 번 언급한다. 꿈속에서 겪은 일이 현실에서 일어나지 않았다는 사실을 어떻게 알 수 있는지 이야기해보았다.

둘째, 아이들의 답변을 요약한다. 답변 내용은 크게 다음 다섯 가지이다.

- 꿈속 등장인물에게 그 일이 실제로 벌어졌는지 물어본다.
- 내가 잠을 자는 동안 함께 있었던 사람들에게 꿈속 일들이 실제로 일어났는지 확인한다.
- 꿈속에서 겪은 대로 주변 환경이나 상황이 바뀌었는지 증거를 찾아본다.
- 꿈속에서 본 것이 실제로도 존재하는지 확인한다.
- 꿈속에서 겪은 일이 현실에서도 정말 일어날 수 있는 일인지 생각해본다.

····· 후속 활동하기 ·····

꿈속에서만 일어날 수 있는 일을 그림으로 그려본다. 친구들에게 그림을 보여주고, 왜 이 일은 꿈속에서만 가능한지 이야기해본다.

우리가 꿈을 꾸고 있지 않다는 것을 어떻게 알지?

철학적 주제

지금 나는 꿈속에 있을까, 현실에 있을까?

목표

지금 꿈을 꾸고 있는 게 아니라는 걸
어떻게 알 수 있는지 이야기해본다.

준비물

톰(인형이나 그림, 혹은 종이인형)
침대로 사용할 상자 한 개

이야기 속으로

톰은 학교에 있는 꿈을 꾸었어요. 꿈속에서 교과서도 봤고 선생님 목소리도 들었지요. 그림을 그리며 친구들과 이야기를 나누기도 했어요. 얼마 후 꿈에서 깬 톰은 깜짝 놀랐어요. "정말 학교에 있는 줄 알았어. 내가 꿈을 꾸고 있는 줄은 몰랐어. 어쩜 그렇게 현실이랑 똑같을까?"

다음 날 톰은 학교에 갔어요. 책상 위에는 교과서가 있었고 선생님의 목소리도 들렸지요. 그림을 그리며 친구들과 이야기를 나눌 때는 너무 깜짝 놀랐어요. '어제 꾼 꿈이랑 완전 똑같아. 내가 지금 꿈을 꾸고 있는 거야, 아니면 현실 속에 있는 거야?'

Q 질문하기

톰은 자신이 학교에 있다고 생각했지만 그건 꿈이었어. 그런데 다음 날, 톰은 학교에 있었지만 꿈인지 아닌지 헷갈렸지. 톰은 지금 꿈을 꾸고 있는 게 아니라 학교에 있다는 걸 어떻게 알 수 있을까?

A 아이들이 할 수 있는 답변

교실에 있는 물건을 확인해봐요.

반대의견 때로는 꿈속에서도 실제 있는 물건이 등장해. 톰이 꿈속에서 교과서를 본 것처럼 말이야.

교실에 있는 물건을 직접 만지고 느껴보면 돼요.

반대의견 때로는 꿈속에서도 촉감을 느낄 수 있어.

친구들과 직접 이야기를 해보면 현실이라는 걸 알 수 있어요.

반대의견 톰은 꿈속에서도 친구들과 이야기를 나누었어.

오늘 아침 잠에서 깨어나 침대에서 내려온 걸 떠올리면 돼요.

반대의견 아침에 일어나는 꿈을 꾸고 있을 수도 있지.

꿈을 꾸는 게 아니라는 건 알 수가 없어요. 우리가 보는 것, 만지는 것은 꿈속 상황일 수 있어요.

이어서 질문하기 우리가 경험하는 모든 것은 꿈일 수 있어. 그렇다면 우리는 현실을 어떻게 구분할 수 있을까?

····· 토론 활동 요약하기 ·····

첫째, 지금까지 논의한 문제를 다시 한 번 언급한다. 지금 꿈을 꾸는 게 아니라는 걸 어떻게 알 수 있는지 이야기해보았다.

둘째, 아이들의 답변을 요약한다. 답변 내용은 크게 다음 두 가지이다.

- 지금 꿈을 꾸고 있는 게 아니라는 걸 알 수 있다. 주변 물건을 보고 만지고, 아침에 일어나 씻고 나온 걸 떠올리고, 친구들과 이야기 나누는 행동을 통해 충분히 알 수 있다.
- 꿈을 꾸고 있는 게 아니라는 건 알 수가 없다. 우리가 보고 느끼는 모든 것은 꿈속 상황일 수 있기 때문이다.

····· 후속 활동하기 ·····

마치 현실 같은 꿈을 꾼 경험을 친구들과 나누어본다. 그 꿈이 현실처럼 느껴진 이유는 무엇인지, 또 현실이 아니라는 걸 어떻게 알았는지 이야기해본다.

철학적 주제

진짜일까, 진짜처럼 보이는 걸까?

목표

눈앞에 보이는 것이 착시현상인지 아닌지
알 수 있는 방법에 대해 이야기해본다.

준비물

물을 채운 투명한 용기
연필이나 막대기

이야기 속으로

빌과 샘은 설레는 마음으로 학교에 왔어요. 선생님께서 오늘 수업시간에 아주 흥미로운 실험을 보여준다고 말씀하셨거든요. "선생님이 어떤 실험을 보여주실지 정말 궁금해." 샘이 기대에 찬 목소리로 말했어요. "앗, 선생님 오신다. 통에 물을 채워 오셨네? 우리한테 물을 뿌리시려나?" 빌이 장난스럽게 말했어요.

"여러분, 안녕." 선생님이 아이들에게 인사를 건넸어요. "자, 잠시만 기다려봐. 아주 놀라운 실험을 보여줄 테니까." 선생님은 물통에 연필을 반쯤 집어넣었어요. 그러자 신기한 일이 벌어졌어요. 물속에 잠긴 연필이 휘어 보이지 뭐예요! "저것 봐! 물속에 잠긴 연필이 휘었어!" 빌이 신기한 듯 외쳤어요. 그러자 샘은 별것 아니라는 듯 대답했어요. "바보 같은 소리 하지 마. 연필이 어떻게 휘냐? 그냥 그렇게 보이는 것뿐이라고." 하지만 빌도 이에 질세라 목소리를 높였어요. "진짜로 휘어진 거라니까? 자세히 봐. 휘어져 보이잖아. 그러니까 휘어진 거라고!"

Q 질문하기

빌의 주장이 맞다고 생각하니? 우리 눈에 그렇게 보이면 실제로도 그런 모습이라고 할 수 있을까?

Q 아이들이 '그렇다'라고 대답하면 다시 질문하기

왜 빌의 주장이 맞다고 생각해?

A 아이들이 할 수 있는 답변

우리 눈에 그렇게 보이면 실제로도 그렇게 보이는 거예요. 우리 눈앞에 연필 한 자루가 있으면 연필은 거기에 있는 거잖아요.

반대의견 우리 눈에 보이는 대로 존재하기도 하지만 그렇지 않은 경우도 있어. 지구는 수평선에서 끝나는 것처럼 보이지만 실제로는 그 너머로도 계속 존재한단다.

Q 아이들이 '아니다'라고 대답하면 다시 질문하기

왜 빌의 주장이 맞지 않다고 생각해?

A 아이들이 할 수 있는 답변

✎ 때로 우리의 시각이나 감정 등은 착각을 불러일으켜요. 누군가 내게서 멀어지면 그 사람은 점점 작게 보이지만 실제로는 전혀 작아지지 않잖아요.

이야기 속으로

빌이 맞서자 샘이 고개를 저으며 말했어요. "아니야, 연필은 휘어진 게 아니라고. 그렇게 보이는 건 착시현상 때문이야. 너 착시현상이 뭔 줄 알아?" 빌은 고개를 저었어요. "착시현상은 어떤 상황에서 한 대상이 특정한 모습으로 보이지만, 실제로는 그렇지 않은 경우를 말해. 물속에 잠긴 연필은 휘어져 보이지만 실제로는 그렇지 않아. 이건 얼마든지 증명해줄 수 있어. 물속에서 연필을 꺼내면 연필은 다시 똑바로 보일 테니까."

하지만 빌은 여전히 자신의 주장을 굽히지 않았어요. "난 동의 못해. 물 밖으로 꺼내면 곧은 형태지만 물속에 있을 땐 휘어져 보인다고. 그러니까 물속에서는 분명히 휘어져 있는 거야. 착시가 아니라고." 샘은 답답한 듯 말을 이었어요. "어휴, 답답해. 연필은 휘어지지 않는다고! 물속에 손을 넣어 연필을 만져보면 휘지 않고 여전히 곧은 상태라는 걸 알 수 있단 말야."

Q 질문하기

연필이 물속에서는 구부러지고, 물 밖으로 꺼내면 다시 곧아지는 거라는 빌의 주장에 동의하니?

Q 아이들이 '그렇다'라고 대답하면 다시 질문하기

왜 빌의 주장이 맞다고 생각해?

A 아이들이 할 수 있는 답변

- 이 연필은 휘어졌다 펴졌다 하는 요술 연필일 거예요.

  반대의견 요술 연필이 아닌 일반 연필도 물속에 넣으면 휘어진단다.

- 우리를 오해하게 만드는 건 시각이 아닌 촉각일 수 있어요. 왼손과 오른손을 각기 다른 온도에 넣은 뒤 꺼내 똑같이 미지근한 온도의 물에 넣으면 양손의 온도가 다르게 느껴지는 것처럼 말이죠.

Q 아이들이 '아니다'라고 대답하면 다시 질문하기

왜 빌의 주장이 맞지 않다고 생각해?

A 아이들이 할 수 있는 답변

- 연필은 휘어보려고 해도 휘지 않아요.
- 연필을 물속에서 꺼내면 다시 곧아지잖아요.
- 물속에 손을 넣고 연필을 만져보면 여전히 곧은 상태라는 걸 느낄 수 있어요. 때로 시각적으로 착각을 불러일으키는 경우, 직접 만져보면 정확히 알 수 있어요. 겉으로 보기엔 차갑게 식은 냄비도 만져보면 여전히 뜨겁다는 걸 알 수 있는 것처럼 말이에요.

····· 토론 활동 요약하기 ·····

첫째, 지금까지 논의한 문제를 다시 한 번 언급한다. 눈앞에 보이는 것이 착시현상인지 아닌지 알 수 있는 방법에 대해 이야기해보았다.

둘째, 아이들의 답변을 요약한다. 답변 내용은 크게 다음 네 가지이다.

- 착시현상 같은 건 없다.

- 착시현상을 판별하는 한 가지 방법은 촉각 등의 다른 감각을 이용해보는 것이다.
- 착시현상은 우리가 알고 있는 사실을 통해서도 구분할 수 있다. 예를 들어, 일반적인 연필은 물속에서도 휘어지지 않는다.
- 관찰 환경을 다양하게 바꿔주면 착시현상을 구분할 수 있다. 예를 들어, 연필을 물속에서 꺼내본다.

····· 후속 활동하기 ·····

- 연필 외에 다른 것을 이용해 물속에서 휘어지는지 살펴본다.
- 착시현상의 다른 사례를 아이들에게 보여준다. 뮬러-라이어(Muller-Lyer) 착시현상 등 인터넷 검색으로 다양한 착시 사례를 찾아볼 수 있다.
- 추가적인 실험을 해본다. 오른손은 뜨거운 물에, 왼손은 차가운 물에 넣어 1분 동안 기다린다. 이후 양손을 미지근한 물에 넣는다. 오른손은 시원하게, 왼손은 따뜻하게 느껴질 것이다.

8장

진짜와 가짜

부품이 모두 교체된 배는 예전과 똑같은 배일까?

철학적 주제

진짜로 존재하는지 아닌지 어떻게 알 수 있을까?

목표

이야기 속 동물이 실제로 존재하는지
아닌지 어떻게 알 수 있는지 논의해봄으로써
실제로 존재하는 것과 그렇지 않은 것의 차이를
생각해본다.

준비물

실제 고양이를 그린 그림

이야기 속으로

고양이 앵거스는 친구 제이크와 잭을 찾아 길가로 내려왔어요. 마침 친구들이 집에서 나오고 있었지요. 앵거스는 반가운 마음에 큰 소리로 외쳤어요. “얘들아! 우리 축구 할까?” 제이크와 잭도 흔쾌히 동의했어요. “좋아!”

그렇게 셋은 축구장까지 걸어 내려왔어요. 한참 동안 축구를 하며 신나고 놀고 난 뒤 제이크가 말했어요. “이제 피곤하다. 배도 고프고.” 그러자 앵거스가 말했어요. “그럼 우리 집에 가자!”

그렇게 셋은 앵거스의 집에 도착했어요. 앵거스 엄마는 갓 구워낸 초콜릿 쿠키를 접시에 담아주며 물었어요. “좀 먹어보겠니? 방금 구었단다.” 앵거스와 친구들은 동시에 대답했어요. “네, 감사합니다!” 달콤한 쿠키 냄새를 맡으니 기분이 너무 좋았어요. “조심해서 먹으렴. 지금 막 구운 거라 아직 뜨겁단다.” 엄마는 걱정스레 말했어요. 앵거스와 제이크와 잭은 고개를 끄덕인 뒤 탁자에 둘러 앉아 마음껏 쿠키를 먹었답니다.

질문하기

이야기 속 동물들이 실제로 존재한다고 생각하니?

엄마가 만들어준
초코 쿠키 정말 맛있어.
감사한 마음으로
먹자.
배고팠는데
쿠키를 만들어주시다니!
너무 행복해.

Q 아이들이 '그렇다'라고 대답하면 다시 질문하기

이야기 속 동물들이 실제로 존재한다고 생각하는 이유는 뭘까?

A 아이들이 할 수 있는 답변

- 앵거스는 고양이처럼 생겼고, 제이크와 잭은 토끼처럼 생겼어요.

  반대 의견 고양이 인형도 고양이처럼 생겼지만 실제 고양이는 아니고, 토끼 인형도 토끼처럼 생겼지만 실제 토끼는 아니야.

- 이야기 속 동물들도 다른 동물처럼 배가 고파 음식을 먹으려 했어요.

- 이야기 속 동물들은 실제 동물처럼 걷기도 하고 뛰기도 해요.

  반대 의견 하지만 실제 동물과 달리 말도 하고 축구도 했어.

Q 아이들이 '아니다'라고 대답하면 다시 질문하기

이야기 속 동물들이 실제로 존재하지 않는다고 생각하는 이유는 뭘까?

A 아이들이 할 수 있는 답변

- 그건 그냥 이야기 속 동물일 뿐이에요. 결코 실제가 될 수 없어요.

  반대 의견 실제 동물도 이야기 속으로 속 주인공이 될 수 있어. 햄스터 이야기도 얼마든지 만들어낼 수 있는걸.

✎ **이야기 속 동물들은 모두 그림으로 표현된 거예요.**

반대의견 실제 동물도 그림으로 그릴 수 있어. 이 고양이 그림도 실제 고양이를 보고 그린 그림이란다.

✎ **이야기 속 동물들은 실제 동물이 할 수 없는 행동을 하고 있어요.**

Q 질문하기

이야기 속 동물들은 실제 동물이 할 수 없는 어떤 행동을 하고 있니?

A 아이들이 할 수 있는 답변

✎ 옷을 입고 있어요.

반대의견 토끼에게도 옷은 입혀줄 수 있어.

✎ 쿠키를 먹고 있어요.

반대의견 개는 실제로도 쿠키를 먹을 수 있단다.

✎ 집에서 살아요.

반대의견 실제 개와 고양이도 보호자 집에서 함께 살아.

✎ 축구를 해요. 물론 실제 동물들도 공놀이를 할 수는 있어요. 하지만 규칙을 알아들을 수 없기 때문에 축구를 할 순 없어요.

✎ 말도 하고 상대방의 말을 이해하기도 해요. 실제로는 불가능한 일이에요. 물론 앵무새도 말은 하지만 그 의미를 이해하진 못하잖아요.

✎ 앵거스의 엄마가 쿠키를 굽고 있어요.

····· 토론 활동 요약하기 ·····

첫째, 지금까지 논의한 문제를 다시 한 번 언급한다. 이야기 속 동물들이 실제로 존재하는지 아닌지 어떻게 알 수 있는지 논의해보았다.

둘째, 아이들의 답변을 요약한다. 답변 내용은 크게 다음 세 가지이다.

- 이야기 속 동물들은 실제로 존재하지 않는다. 실제 동물은 할 수 없는 행동을 하고 있기 때문이다.

- 이야기 속 동물들은 실제로 존재하지 않는다. 그저 그림으로 그렸을 뿐이다.
- 이야기 속 동물들은 실제로 존재한다. 실제 동물이 할 수 있는 행동을 하고 있기 때문이다.

····· 후속 활동하기 ·····

아이들에게 상상 속 동물을 그려보게 한다. 이후 두서너 명씩 짝을 지어 서로의 그림을 보여준다. 그리고 이 그림이 왜 실제가 아닌지 서로에게 질문한다.

철학적 주제

만질수도, 느낄 수도 없는 숫자는
정말 존재할까?

목표

숫자는 진짜 존재하는 것인지 이야기해본다.
숫자가 왜 실제로 존재한다고 생각하는지,
혹은 왜 존재하지 않는다고 생각하는지 이야기해본다.

준비물

페니와 존(인형이나 그림, 혹은 종이인형)

이야기 속으로

페니와 존은 숫자 세기 놀이를 좋아해요. "우리 연필 세기 하자." 페니가 말했어요. "좋아!" 존이 흔쾌히 대답했어요. "이쪽 책상 위에 연필 세 자루가 있어." 존이 말했어요. "저쪽 책상 위에는 연필 일곱 자루가 있고." 페니가 말했지요. 잠시 후 존은 뭔가 골똘히 생각하더니 당황스러운 표정을 지었어요. "페니, 들어봐. 연필은 볼 수 있고 만질 수도 있잖아. 하지만 3이라는 숫자와 7이라는 숫자는 볼 수도, 만질 수도 없어. 뭔가가 실제로 존재한다면 직접 보고 만질 수 있어야 하잖아. 하지만 숫자는 어디에도 없어. 그런데 숫자가 실제로 존재한다고 말할 수 있을까? 숫자는 그냥 우리 상상 속에만 있는 거야. 전설 속 상상의 동물처럼 말이야."

"그렇지 않아." 페니가 반박했어요. "숫자는 실제로 존재해. 현실에 존재하는 것에 대한 진실을 알려주잖아. 이 연필을 모두 모으면 우리는 연필 열 개를 갖는 거야. 3 더하기 7은 10이니까. 그러니까 연필 개수를 다시 세지 않아도 돼. 숫자는 현실에서 일어나는 일을 우리에게 알려주는 역할을 하는 셈이야. 하지만 전설 속의 용이 말을 한다면 그건 현실 세계를 반영한 게 아니지. 용은 말을 할 수 없으니까. 따라서 숫자는 실제로 존재해. 연필 같은 물체와는 다른 거지. 만지거나 느끼거나 직접 가리킬 수 없으니까 말이야. 다시 말하면, 숫자는 연필과 형태는 다르지만 분명히 존재해."

Q 질문하기

존은 숫자는 실제로 존재하지 않는다고 말하고 페니는 존재한다고 말했어. 너희들은 숫자가 실제로 존재한다고 생각하니?

Q 아이들이 '그렇다'라고 대답하면 다시 질문하기

숫자가 왜 실제로 존재한다고 생각해?

A 아이들이 할 수 있는 답변

- 경우에 따라 보이거나 만질 수 없는 대상도 실제로 존재해요. 소리나 생각 같은 걸 생각해보세요.
- 실제로 존재하는 것이라 해도 어디에도 남아 있지 않을 수 있어요. 학교 규칙을 예로 들어볼까요? 학교 규칙은 종이에 기록되어 있어요. 하지만 그 종이를 찢는다고 해서 규칙이 없어지는 건 아니에요. 여전히 그대로 존재하죠.
- 숫자는 셀 수 있고, 늘 정확한 답이 존재하니까 실제로 존재해요.
- 숫자를 종이에 쓰면 그것을 보고 만지거나 가리킬 수 있어요. 그러니까 숫자는 실제로 존재해요.

  반대의견 종이에 쓴 숫자를 일반적인 숫자와 같다고 볼 순 없어. 종이에 쓴 건 지우개로 지우면 없어져버리지만, 눈에 보이는 숫자는 사라져도 여전히 셀 수는 있잖아.

Q 아이들이 '아니다'라고 대답하면 다시 질문하기

숫자가 왜 실제로 존재하지 않는다고 생각하니?

A 아이들이 할 수 있는 답변

- 실재하는 모든 것은 눈으로 보고 만질 수 있어요.

반대 의견 소리도 보고 만질 수 없고 생각도 마찬가지야. 하지만 소리와 생각은 실제로 존재하잖아.

- 실재하는 모든 것은 어딘가에 존재하고 우리가 그것을 가리킬 수 있어요. 연필은 우리 눈앞에 있지만 숫자는 어디에도 없어요. 어디에 있는지 가리킬 수도 없고요.

반대 의견 실재하는 모든 것이 반드시 어딘가에 존재하는 건 아니야. 학교 규칙은 실제로 존재하지만 어디에도 남아 있지 않아.

- 숫자는 머릿속 관념일 뿐이에요.

반대 의견 머릿속에서 숫자에 대한 생각을 중단한다고 해서 더 이상 숫자가 존재하지 않는 건 아니야. 그리고 머릿속 생각도 눈에 보이지는 않아.

- 숫자는 상상 속 존재일 뿐이에요. 하지만 우리에게 현실 세계에 대해 알려주기는 하죠. 우리가 머릿속으로 상상하는 것이 때로는 현실을 알려주니까요. 예를 들어, 상대방이 느끼는 감정을 생각해봄으로써 그들을 이해할 수 있는 것처럼 말이에요.

····· 토론 활동 요약하기 ·····

첫째, 지금까지 논의한 문제를 다시 한 번 언급한다. 숫자는 진짜 존재하는 것인지 이야기해보았다.
둘째, 아이들의 답변을 요약한다. 답변 내용은 크게 다음 세 가지이다.

- 숫자는 실재한다. 숫자를 종이에 적으면 그것을 보고 만지며 가리킬 수 있다.
- 숫자는 실재한다. 숫자는 우리에게 현실 세계를 알려준다. 그러나 연필 같은 사물과는 다르다. 숫자는 실제로 보거나 만질 수 없기 때문이다. 또한 (기록하지 않으면) 어디에도 존재하지 않는다. (추상적인 대상이다.)
- 숫자는 실재하지 않는다. 그저 관념적인 대상일 뿐이다. 보거나 만질 수도, 가리킬 수도 없다.

····· 후속 활동하기 ·····

곰 인형 다섯 개를 그리고, 그 옆에 숫자 5를 쓴다. (대상과 숫자는 자유롭게 정한다.) 고학년 아이들에게는 동생들을 위한 숫자 책을 만들어보게 한다. 예를 들어, 곰 한 마리 옆에는 숫자 1, 두 마리 옆에는 숫자 2 이런 식으로 기록한다.

····· 대체 활동하기 ·····

셀 수 있는 건 얼마든지 많다! 연령에 따라 다양하게 적용한다. 어린아이들에게는 2+1=3 같은 간단한 식을 활용해보자.

철학적 주제

내용물이 바뀌어도 본래의 것과 똑같은 걸까?

목표

물체의 각 부분을 다른 것으로 교체해도
해당 물체를 여전히 같은 것으로 볼 수 있는지 이야기해본다.

준비물

똑같은 종이배 두 척, 판지를 오려 선체와 방향키,
돛 세 가지 영역으로 만든다.
배 한 척은 항구에 정박해 있는 용도로, 또 다른 한 척은
각 영역별로 분리해 창고에 보관한 용도로 설정한다.
바다를 표현할 파란색 종이 한 장, 창고를 표현할 갈색 종이 한 장.

이야기 속으로

테세우스는 항구에 정박해둔 배를 보았어요. "방향키가 너무 낡았군. 창고에서 새로운 방향키를 가져와 바꿔야겠어." 테세우스는 낡은 방향키를 떼어내고는 창고에서 새것을 가져와 교체했어요. (판지를 오려서 직접 해본다.)

Q 질문하기

테세우스는 배의 방향키를 새로운 것으로 교체했어. 수리한 배를 테세우스가 본래 갖고 있던 배라고 말할 수 있을까?

Q 아이들이 '그렇다'라고 대답하면 다시 질문하기

테세우스가 본래 갖고 있던 배라고 말할 수 있는 이유는 무엇일까?

A 아이들이 할 수 있는 답변

✎ 부품을 하나 교체했다고 해서 그 대상이 바뀐 건 아니니까요. 집의 대문을 교체했다고 다른 집에 살게 되는 건 아니잖아요. 교체한 부품 개수가 한 개 이상이라고 해도 마찬가지고요. 대문과 창문을 모두 바꿨다고 해도 여전히 같은 집이죠.

Q 아이들이 '아니다'라고 대답하면 다시 질문하기

테세우스가 본래 갖고 있던 배라고 말할 수 없는 이유는 무엇일까?

A 아이들이 할 수 있는 답변

✎ 본래 갖고 있던 배에서 방향키를 떼어내 새로운 것으로 교체했으니까요.

반대의견 부모님이 자동차 타이어를 새것으로 바꾸었다고 해서 자동차가 바뀌는 건 아니잖아. 설령 타이어 네 개와 엔진까지 전부 바꾸었다고 해도 여전히 같은 자동차야.

이야기 속으로

테세우스는 한 발 물러나 배를 관찰했어요. "음, 좋아. 방향키가 아주 멋져. 근데 이제 돛이 문제군." 테세우스는 혼잣말을 하며 닻을 내렸어요. 그러고는 창고에서 새로운 닻을 가져와 바꿔 끼웠지요. (판지를 오려서 직접 해본다.)

질문하기

배는 이제 방향키도 바뀌고 닻도 바뀌었어. 그래도 여전히 테세우스가 본래 갖고 있던 배라고 할 수 있을까? 앞에서와 마찬가지로 아이들의 답변을 '그렇다/아니다'로 구분한 뒤, 아이들이 할 수 있는 답변을 정리해보자.

이야기 속으로

방향키와 돛까지 바꾼 테세우스는 흐뭇한 마음으로 배를 바라보았어요. 그런데 이번에도 썩 마음에 들지 않았어요. "방향키도, 돛도 새것으로 바꾸었더니 이번에는 선체 쪽이 너무 낡아 보이네. 창고에 있는 걸 가져와서 교체해야겠다." 테세우스는 선체를 끌어내려 배에서 분리한 다음, 새것으로 바꾸었어요. 그러고는 배를 다시 항구에 정박시켰지요. 테세우스는 새롭게 태어난 배를 보며 뿌듯해했어요. (판지를 오려서 직접 해본다.)

질문하기

테세우스는 배는 이제 방향키도 돛도, 심지어 선체까지 모두 바뀌었어. 그래도 테세우스가 본래 갖고 있던 배라고 할 수 있을까? 앞에서와 마찬가지로 아이들의 답변을 '그렇다/아니다'로 구분한 뒤, 아이들이 할 수 있는 답변을 정리해보자.

이야기 속으로

테세우스는 다시 창고로 갔어요. 창고에는 낡은 선체와 돛, 방향키가 놓여 있었지요. "저걸로도 배를 한 척 만들 수 있겠는걸!" 테세우스는 이렇게 말하고는 부품들을 모아 배를 조립했어요. (판지를 오려서 직접 해본다.)

질문하기

테세우스의 본래 배는 창고에 있는 배일까, 항구에 있는 배일까?

아이들이 '창고에 있는 배'라고 대답하면 다시 질문하기

왜 창고에 있는 배가 본래 배라고 생각해?

A 아이들이 할 수 있는 답변

- 항구에 있던 본래 배에서 빼낸 부품으로 만든 배이니까요.
- 테세우스가 한 일은 항구에 있던 본래 배에서 부품을 차례로 빼내 창고로 옮긴 것 뿐이에요.

  반대의견 부품 하나를 교체한다고 해서 새로운 배가 되는 건 아니야. 테세우스는 결과적으로 세 가지 부품을 모두 교체했지만, 각 단계별로는 하나씩만 교체했지. 따라서 항구에 있는 배가 테세우스의 본래 배라고 할 수 있어. (아이들이 동의한다면 이 사실을 상기시킨다.) 항구에 있는 배는 창고에 있는 배와 전혀 다른 배야. 그러니까 창고에 있는 배는 테세우스의 본래 배라고 할 수 없어.

Q 아이들이 '항구에 있는 배'라고 대답하면 다시 질문하기

왜 항구에 있는 배가 테세우스의 본래 배라고 생각하니?

A 아이들이 할 수 있는 답변

- 결과적으로 세 가지 부품을 모두 교체했지만, 각 단계별로는 하나씩만 교체했으니까요. 그러니까 항구에 있는 배가 테세우스의 본래 배예요.
- 부품을 교체한다고 해서 전체가 바뀌는 건 아니에요. 자동차의 타

이어를 갈고, 집 안 창문을 교체하고, 곰 인형에 눈을 바꾸어 끼다고 해서 전혀 다른 자동차, 집, 곰 인형이 되는 건 아니잖아요.

반대 의견 창고에 있는 배는 항구에 있는 본래 배에서 빼낸 부품으로 만들었어. 그러니까 창고에 있는 배가 본래 배라고 할 수 있지 않을까?

Q 아이들이 '항구에 있는 배, 창고에 있는 배 둘 다 테세우스의 본래 배다'라고 대답하면 다시 질문하기

왜 항구에 있는 배도, 창고에 있는 배도 모두 테세우스의 본래 배라고 생각하니?

A 아이들이 할 수 있는 답변

창고에 있는 배는 본래 배에서 빼낸 부품으로 만든 것이니까 이것이 테세우스의 본래 배라고 할 수 있어요. 그리고 항구에 있는 배는 하나씩 단계별로 부품을 교체한 배잖아요. 부품을 교체한 것만으로 새로운 배가 됐다고는 볼 수 없기 때문에 이 배도 테세우스의 본래 배라고 할 수 있죠. 따라서 두 척 모두 테세우스의 본래 배예요.

반대 의견 테세우스는 처음부터 배 한 척만 갖고 있었어. 그러니까 두 척 모두 테세우스의 배라는 건 말이 안 돼. 창고에 있는 배와 항구에 있는 배는 같다고 할 수 없어. 한 가지는 손상돼도 다른 한 가지는 손상되지 않을 수 있잖아. 따라서 항구에 있는 배와 창고에 있는 배 모두 테세우스가 본래 갖고 있던 배와는 다른 거야.

····· 토론 활동 요약하기 ·····

첫째, 지금까지 논의한 문제를 다시 한 번 언급한다. 물체의 각 부분을 다른 것으로 교체해도 해당 물체를 여전히 같은 것으로 볼 수 있는지 이야기해보았다.

둘째, 아이들의 답변을 요약한다. 답변 내용은 크게 다음 세 가지이다.

- 몇 개의 부품이 교체됐는지는 상관없다. 항구에 있는 배가 여전히 테세우스의 본래 배다.
- 단 한 개의 부품만 교체돼도 본래 배와 같다고 볼 수 없다.
- 부품이 모두 교체된 배는 본래 배와 같다고 볼 수 없다.

····· 후속 활동하기 ·····

부품이나 재료를 다른 것으로 교체할 수 있는 다른 물체를 몇 가지 더 생각해본다. 자동차, 집, 곰 인형, 옷, 밥솥, 컴퓨터 등에서 하나를 선택해 부품이 교체되는 과정을 그림이나 글로 나타낸다. 예를 들어, 자동차가 고장 나서 타이어, 엔진 등을 차례대로 교체하는 식이다. 그리고 모든 부품이 교체돼도 여전히 본래의 것으로 볼 수 있는지 이야기해본다.

····· 대체 활동하기 ·····

3~4개의 부품으로 이루어진 장난감 자동차를 테세우스의 배와 같은 형식으로 해체하고 조립해본다.

옮긴이 최윤영

한국외국어대학교 통번역대학원 한영과를 수료하였으며, 미국 방송국 Voice of America와 기업체에서 다년간 번역 업무를 하였다. 현재 번역에이전시 엔터스코리아에서 전문 번역가로 활동하고 있다. 주요 역서로는 《누가 창의력을 죽이는가》《큐레이션》《두려움 없는 조직》《역사를 바꾼 50가지 전략》 등이 있다.

5세부터 시작하는 철학

초판 1쇄 발행 2021년 3월 22일

지은이 베리스 가웃, 모래그 가웃
펴낸이 정덕식, 김재현
펴낸곳 (주)센시오

출판등록 2009년 10월 14일 제300-2009-126호
주소 서울특별시 마포구 성암로 189, 1711호
전화 02-734-0981
팩스 02-333-0081
전자우편 sensio0981@gmail.com

기획 · 편집 이미순, 심보경 **외부편집** 최은영
마케팅 허성권 **경영지원** 김미라
디자인 유채민

ISBN 979-11-6657-010-0 03590